鎌谷研吾 著
Kengo Kamatani

駒木文保 編
Fumiyasu Komaki

モンテカルロ統計計算

Monte Carlo Statistical Calculation

講談社

● 本書に掲載されているサンプルプログラムやスクリプト，およびそれらの実行結果や出力などは，上記の環境で再現された一例です．本書の内容に関して適用した結果生じたこと，また，適用できなかった結果について，著者および出版社は一切の責任を負えませんので，あらかじめご了承ください．

シリーズ刊行によせて

　人類発展の歴史は一様ではない．長い人類の営みの中で，あるとき急激な変化が始まり，やがてそれまでは想像できなかったような新しい世界が拓ける．我々は今まさにそのような歴史の転換期に直面している．言うまでもなく，この転換の原動力は情報通信技術および計測技術の飛躍的発展と高機能センサーのコモディティ化によって出現したビッグデータである．自動運転，画像認識，医療診断，コンピュータゲームなどデータの活用が社会常識を大きく変えつつある例は枚挙に暇がない．

　データから知識を獲得する方法としての統計学，データサイエンスや AI は，生命が長い進化の過程で獲得した情報処理の方式をサイバー世界において実現しつつあるとも考えられる．AI がすぐに人間の知能を超えるとはいえないにしても，生命や人類が個々に学習した知識を他者に移転する方法が極めて限定されているのに対して，サイバー世界の知識や情報処理方式は容易く移転・共有できる点に大きな可能性が見いだされる．

　これからの新しい世界において経済発展を支えるのは，土地，資本，労働に替わってビッグデータからの知識創出と考えられている．そのため，理論科学，実験科学，計算科学に加えデータサイエンスが第 4 の科学的方法論として重要になっている．今後は文系の社会人にとってもデータサイエンスの素養は不可欠となる．また，今後すべての研究者はデータサイエンティストにならなければならないと言われるように，学術研究に携わるすべての研究者にとってもデータサイエンスは必要なツールになると思われる．

　このような変化を逸早く認識した欧米では 2005 年ごろから統計教育の強化が始まり，さらに 2013 年ごろからはデータサイエンスの教育プログラムが急速に立ち上がり，その動きは近年では近隣アジア諸国にまで及んでいる．このような世界的潮流の中で，遅ればせながら我が国においても，データ駆動型の社会実現の鍵として数理・データサイエンス教育強化の取り組みが急速に進められている．その一環として 2017 年度には国立大学 6 校が数理・データサイエンス教育強化拠点として採択され，各大学における全学データサイエンス教育の実施に向けた取組みを開始するとともに，コンソーシアムを形成して全国普及に向けた活動を行ってきた．コンソーシアムでは標準カリキュラム，教材，教育用データベースに関する 3 分科会を設置し全国普及に向けた活動を行ってきたが，2019 年度にはさらに 20 大学が協力校として採択され，全国全大学への普及の加速が図られている．

　本シリーズはこのコンソーシアム活動の成果の一つといえるもので，データサイエンスの基本的スキルを考慮しながら 6 拠点校の協力の下で企画・編集されたものである．第 1 期として出版される 3 冊は，データサイエンスの基盤ともいえる数学，統計，最適化に関するものであるが，データサイエンスの基礎としての教科書は従来の各分野における教科書と同じでよいわけではない．このため，今回出版される 3 冊はデータサイエンスの教育の場や実践の場で利用されることを強く意識して，動機付け，題材選び，説明の仕方，例題選びが工夫されており，従来の教科書とは異なりデータサイエンス向けの入門書となっている．

　今後，来年春までに全 10 冊のシリーズが刊行される予定であるが，これらがよき入門書となって，我が国のデータサイエンス力が飛躍的に向上することを願っている．

2019 年 7 月 　　　　　　　　　　　　　　　　　　　　　　　　　　北川源四郎

（東京大学特任教授，元統計数理研究所所長）

　昨今，人工知能 (AI) の技術がビジネスや科学研究など，社会のさまざまな場面で用いられるようになってきました．インターネット，センサーなどを通して収集されるデータ量は増加の一途をたどっており，データから有用な知見を引き出すデータサイエンスに関する知見は，今後，ますます重要になっていくと考えられます．本シリーズは，そのようなデータサイエンスの基礎を学べる教科書シリーズです．

　2019 年 3 月に発表された経済産業省の IT 人材需給に関する調査では，AI やビッグデータ，IoT 等，第 4 次産業革命に対応した新しいビジネスの担い手として，付加価値の創出や革新的な効率化等などにより生産性向上等に寄与できる先端 IT 人材が，2030 年には 55 万人不足すると報告されています．この不足を埋めるためには，国を挙げて先端 IT 人材の育成を迅速に進める必要があり，本シリーズはまさにこの目的に合致しています．

　本シリーズが，初学者にとって信頼できる案内人となることを期待します．

2019 年 7 月

杉山　将

（理化学研究所革新知能統合研究センターセンター長，東京大学教授）

巻 頭 言

　情報通信技術や計測技術の急激な発展により，データが溢れるように遍在するビッグデータの時代となりました．人々はスマートフォンにより常時ネットワークに接続し，地図情報や交通機関の情報などの必要な情報を瞬時に受け取ることができるようになりました．同時に人々の行動の履歴がネットワーク上に記録されています．このように人々の行動のデータが直接得られるようになったことから，さまざまな新しいサービスが生まれています．携帯電話の通信方式も現状の 4G からその 100 倍以上高速とされる 5G へと数年内に進化することが確実視されており，データの時代は更に進んでいきます．このような中で，データを処理・分析し，データから有益な情報をとりだす方法論であるデータサイエンスの重要性が広く認識されるようになりました．

　しかしながら，アメリカや中国と比較して，日本ではデータサイエンスを担う人材であるデータサイエンティストの育成が非常に遅れています．アマゾンやグーグルなどのアメリカのインターネット企業の存在感は非常に大きく，またアリババやテンセントなどの中国の企業も急速に成長をとげています．これらの企業はデータ分析を事業の核としており，多くのデータサイエンティストを採用しています．これらの巨大企業に限らず，社会のあらゆる場面でデータが得られるようになったことから，データサイエンスの知識はほとんどの分野で必要とされています．データサイエンス分野の遅れを取り戻すべく，日本でも文系・理系を問わず多くの学生がデータサイエンスを学ぶことが望まれます．文部科学省も「数理及びデータサイエンスに係る教育強化拠点」6 大学（北海道大学，東京大学，滋賀大学，京都大学，大阪大学，九州大学）を選定し，拠点校は「数理・データサイエンス教育強化拠点コンソーシアム」を設立して，全国の大学に向けたデータサイエンス教育の指針や教育コンテンツの作成をおこなっています．本シリーズは，コンソーシアムのカリキュラム分科会が作成したデータサイエンスに関するスキルセットに準拠した標準的な教科書シリーズを目指して編集されました．またコンソーシアムの教材分科会委員の先生方には各巻の原稿を読んでいただき，貴重なコメントをいただきました．

　データサイエンスは，従来からの統計学とデータサイエンスに必要な情報学の二つの分野を基礎としますが，データサイエンスの教育のためには，データという共通点からこれらの二つの分野を融合的に扱うことが必要です．この点で本シリーズは，これまでの統計学やコンピュータ科学の個々の教科書とは性格を異にしており，ビッグデータの時代にふさわしい内容を提供します．本シリーズが全国の大学で活用されることを期待いたします．

2019 年 4 月

編集委員長　竹村彰通
（滋賀大学データサイエンス学部学部長，教授）

まえがき

　ベイズ統計学は統計解析を行うための一つの体系である．解析には常に積分計算がつきまとい，それが長い間，ボトルネックだった．しかし前世紀後半から積分計算技術が大いに発展し，それに伴ってベイズ統計学も発展する相乗効果が起こった．現代ではベイズ統計学の良さは広く知られるようになった．日本でもベイズ統計学教育への期待が高まっていると感じる．本書ではベイズ統計学を支えるその計算技術を，なるべくやさしく紹介したい．

　その目標は，しかしなかなか困難だ．計算技術の習得のためには，ベイズ統計学そのものをある程度知る必要があるし，計算手順の実践も必要だ．さらに背景となる理論無しには，なぜその手法でうまくいくのか理解できない．全てを網羅するのは著者の手に余る作業である．初学者の望むものでもないだろう．本書では，現代に至るまでベイズ統計学の中心技術であり続ける，マルコフ連鎖モンテカルロ法の実践と理解を目標とし，そのための必要な内容に絞った．いわば幹の部分の書物である．一方，枝葉の部分は他書にゆずった．例えばマルコフ連鎖モンテカルロ法の様々な発展は，一部を除いて扱っていない．しかし，本書を理解すれば，枝葉の理解にも通じる．

　本書はベイズ統計学や，マルコフ連鎖の知識は仮定していないが，学部一，二年次レベルの統計学を習得していることを仮定している．たとえば確率関数，確率密度関数，期待値や特性関数は既知としている．いっぽうで，確率収束や分布収束といった，統計学にあらわれる収束をきっちり理解していることは仮定していない．ただし，入門向けを標榜しながら，後半の第4章以降ではやや技術的な内容に触れている．和書で情報を得ることが難しい，エルゴード性に関する部分を載せたかったからだ．そうした部分でも，R言語のコードを用意しているので活用してほしい．

　第1から3章は導入部分である．第1章では，紙面の制限はあるが，なるべく丁寧にベイズ統計学を解説した．ベイズ統計学に関する理解がなくては，このあとの計算技術の動機がわからないから，この章を読み飛ばすことをおすすめしない．第2章は基本的な乱数生成を紹介した．R言語をはじめ，データサイエンスに使われる多くのプログラミング言語では，基本的な乱数生成は既に実装されている．そのため，実践の意味では不要な章である．しかし，この章を通じてモンテカルロ法の感覚を養ってもらいたい．疑似乱数の概念についてもベイズ統計学の解釈による説明をつけた．第3章はモンテカルロ積分法の紹介である．本書の流れを失わない範囲で，モンテカルロ法ではない数値積分法にも少し触れた．第4章はマルコフ連鎖を扱った，最も理論的な章である．細かい証明を載せることはできなかったが，おおまかな理論的背景を理解することができるはずだ．第5，6章はマルコフ連鎖モンテカルロ法を扱った．実践的な例を扱うと煩雑になりすぎるきらいがあるので，最も単純な部分を紹介した．より複雑な例は和書やウェブサイトで容易に見つけることができる．重要な単語になるべく英訳を載せているのはそのためである．

　本書の執筆にあたり，期限をことごとく守らなかった著者の執筆を辛抱強く待っていただいた講談社サイエンティフィクの瀬戸晶子氏，横山真吾氏に感謝する．また，編集委員の駒木文保教授と，二名の匿名の査読者にも感謝したい．先生方の詳細な査読なしには本書は出版レベルになかった．さら

に鎌谷洋一郎教授（東京大学），清水泰隆教授（早稲田大学），橋本真太郎准教授（広島大学），米倉頌人氏（University College London），宋小林氏（大阪大学）に貴重なご意見を頂いた．この場を借りて感謝いたします．

　第 2 刷の修正に際し，松野舜介氏（東京大学）に貴重なご意見をいただいた．この場をお借りして感謝いたします．

　第 3 刷の修正に関しても様々な方に貴重なご意見を頂いた．この場をお借りして感謝いたします．

目　次

{ 第 **1** 章 }

序論

　ベイズ統計学を説明するには，まず確率の考え方に触れねばなるまい．様々な側面を持つデータサイエンスの中で，統計学が焦点を当てるのが統計推測 (Statistical inference) であり，ベイズ統計学における統計推測は，確率の考え方からはじまるからだ．まず，第 1.1 節では条件つき確率とベイズの公式を，簡単な例を通じて紹介する．ベイズの公式が意味するものは，ベイズ統計学の確率の考え方を紹介する第 1.2 節で明らかになる．第 1.3 節ではベイズ統計学の手法を解説する．統計モデルの比較については第 1.4 節にまとめた．そして第 1.5 節は，応用として線形回帰モデルをあつかう．なお，R 言語については第 1.1.4 項で触れる．

➤ 1.1 確率と条件つき確率

　条件つき確率とベイズの公式を紹介するのがこの節の目的である．まず，簡単なところから，分割表を例にはじめたい．

◗ 1.1.1 分割表

　ベイズの公式を紹介する前に，まず条件つき確率の説明からはじめよう．統計ソフトウェアの R 言語には多くの組み込みデータセットがある．そのうち一つの組み込みデータセット diamonds には 53,940 個のダイアモンドの色，形，サイズやその値段がある．そのうち 10 個のデータを並べたのが表 1.1 である．四つの要素 carat（重量），cut（カット），color（色），clarity（透明度）は，4C と呼ばれ，ダイアモンドの鑑定に重要な要素である．このうち，carat のように定量的な変数を**量的変数** (Quantitative variable) といい，cut, color, clarity など定性的な変数を**質的変数** (Qualitative variable) という．ここでは質的変数に注目しよう．

　たとえば cut と color の関係を見てみよう．質的変数のデータのまとめには表 1.2 のような，**分割表** (Contingency table) が便利である．各升目には，対応するカット，色をしたダイアモンドの数が書かれている．無色（= D,E,F) で Fair のダイアモンドに比べ，無色で Ideal のダイアモンドの

表 1.1　R 言語の組み込みデータセット diamonds

	carat	cut	color	clarity	depth	table	price	x	y	z
1	1.21	Premium	H	SI2	62.70	59.00	5324	6.75	6.78	4.24
2	0.90	Ideal	E	SI1	61.70	57.00	4921	6.18	6.24	3.83
3	0.30	Very Good	D	SI1	63.40	56.00	709	4.29	4.26	2.71
4	0.70	Good	I	SI1	61.60	63.00	1763	5.59	5.68	3.47
5	0.53	Premium	E	VS2	58.30	62.00	1727	5.31	5.26	3.08
6	0.96	Fair	H	VS2	68.80	56.00	3658	6.11	5.98	4.16
7	0.25	Ideal	F	VS2	61.60	55.00	535	4.06	4.08	2.51
8	0.30	Premium	D	VS2	61.00	60.00	710	4.29	4.33	2.63
9	0.92	Premium	E	VS2	61.20	62.00	4600	6.27	6.22	3.82
10	0.30	Premium	F	VS2	62.50	58.00	776	4.28	4.26	2.67

割合が高いことが見える．こうした考察は，もとのデータセットそのままでは難しい．分割表に加工した利点である．

表 1.2　データセット diamonds の分割表

	D	E	F	G	H	I	J	Total
Fair	163	224	312	314	303	175	119	1610
Good	662	933	909	871	702	522	307	4906
Very Good	1513	2400	2164	2299	1824	1204	678	12082
Premium	1603	2337	2331	2924	2360	1428	808	13791
Ideal	2834	3903	3826	4884	3115	2093	896	21551
Total	6775	9797	9542	11292	8304	5422	2808	53940

　分割表の各升目の値を，ダイアモンドの総数で割る．すると，以下のような割合の表 1.3 ができる．丸め込み誤差を除けば，表の右下にあらわれるように，最下行，最右列を除く表の中の割合を足し合わせると 1 になるはずだ．このような表を，本書では**確率表**と呼ぶことにしよう．データを確率表に整理することは，もともとの分割表からダイアモンドの総数の情報だけを失わせる加工である．だから，丸め込み誤差を除いて，割合に関する情報損失はない．

　割合に関する情報損失がないから，たとえば最も無色に近い D の色のダイアモンドのうち，Ideal のカットのダイアモンドの割合を次のように出すことができる．確率表の中から，色 D の列を取り出して，相対的な割合を導出した．

$$\frac{0.05}{0.13} = 38\%.$$

　これは，データセット diamonds のダイアモンドを一つ取り出したら，それが D の色という条件のもとで，Ideal のカットであるという確率で，これを**条件つき確率 (Conditional probability)** という．

　ここで，分割表の各行の一番右はしの升目は，その行の和，行和だった．同様に，各列の一番下の升

表 1.3 データセット `diamonds` の確率表

	D	E	F	G	H	I	J	Total
Fair	0.00	0.00	0.01	0.01	0.01	0.00	0.00	0.03
Good	0.01	0.02	0.02	0.02	0.01	0.01	0.01	0.09
Very Good	0.03	0.04	0.04	0.04	0.03	0.02	0.01	0.22
Premium	0.03	0.04	0.04	0.05	0.04	0.03	0.01	0.26
Ideal	0.05	0.07	0.07	0.09	0.06	0.04	0.02	0.40
Total	0.13	0.18	0.18	0.21	0.15	0.10	0.05	1.00

表 1.4 データセット `diamonds` の尤度表

	D	E	F	G	H	I	J	Total
Fair	0.10	0.14	0.19	0.20	0.19	0.11	0.07	1.00
Good	0.13	0.19	0.19	0.18	0.14	0.11	0.06	1.00
Very Good	0.13	0.20	0.18	0.19	0.15	0.10	0.06	1.00
Premium	0.12	0.17	0.17	0.21	0.17	0.10	0.06	1.00
Ideal	0.13	0.18	0.18	0.23	0.14	0.10	0.04	1.00

目，その列の和，列和である．分割表の各行を，その行の行和で割ったのが表 1.4 である．合わせて列和も取り除いた．この表を，本書では**尤度表**と呼ぶことにしよう．尤度表は，分割表からダイアモンドの総数に加え，行どうしの情報も損失している．尤度表と確率表はよく似ているけれど，行どうしの情報が損失しているため，たとえば，D の色のダイアモンドのうち，Ideal のカットのダイアモンドの割合を出すことができない．尤度表の各値は，すでに条件つき確率になっている．たとえば，尤度表の一行目を取り出すと，Fair のカットのダイアモンドの条件のもとでのダイアモンドの色の割合をあらわす．これを見ると，カットによらず，どれもダイアモンドの色の割合は同じくらいだとわかる．

⊙ 1.1.2 スパムメールフィルタ

情報損失の点で言えば，損失の比較的大きな尤度表よりも，確率表を使ったほうが本来は良い．しかし，実際のデータ解析ではしばしば確率表は得られない．たとえばスパムメールの振り分け問題を見てみよう．スパムメールは，しばしば「もうかる」，「ただ」や「あなただけ」などのうたい文句で受信者を騙しにかかる．一方で，ふつうのメールにはこうした単語はあまり含まれないだろう．ここでは「ただ（free）」という単語に注目しよう．すると，スパムメール (Spam) とスパムでない (Ham) メールには free という単語が含まれる (**Yes**) か，含まれないか (**No**) の二通りある．Spam, Ham のうち，free を含む割合はそれぞれ 51.8%，7.4% であった[1]．この割合は，Spam もしくは Ham であると知ったという条件のもとで，単語 free が含まれているかを調べた条件つき確率である．表 1.5 は，条件つき確率をまとめた，尤度表である．

---

[1] Dua, D. and Graff. C. (2019). UCI Machine Learning Repository [http://archive.ics.uci.edu/ml]. Irvine, CA: University of California, School of Information and Computer Science.

表 1.5　2 × 2 のスパムメールフィルタの尤度表

	Yes	No	Total
Spam	0.518	0.482	1
Ham	0.074	0.926	1

表 1.6　2 × 2 のスパムメールフィルタの確率表

	Yes	No	Total
Spam	0.518 × 0.10	0.482 × 0.10	0.10
Ham	0.074 × 0.90	0.926 × 0.90	0.90
Total	0.1184	0.8816	1

　受信メールが単語 free を含むとき，Spam である確率はどれくらいだろうか．この問は，尤度表だけから答えられない．Spam と Ham の行どうしの割合に関する**事前情報**が不可欠である．ここでは Spam がメール全体の 10% であるという事前情報があるとする．すると，ダイアモンドの例のような確率表 1.6 を構築できる．確率表さえできれば，割合の計算はたやすい．

　メール全体のうち単語 free を含む割合は

$$0.518 \times 0.1 + 0.074 \times 0.90 = 11.84\%$$

となる．だから，単語 free を含む受信メールの中で，Spam メールの割合は

$$\frac{0.518 \times 0.1}{0.1184} = 43.75\%$$

である．したがって，受信したメールが単語 free を含むのであれば，それが Spam である確率は 43.75% である．この確率もまた，条件つき確率である．受信メールが単語 free を含むと知ったという条件のもとで，Spam である割合だからだ．

　この議論を式で表現しよう．スパムメールとわかった上で，メールに単語 free が含まれている条件つき確率は

$$\mathbb{P}(\text{Yes}|\text{Spam}) = 51.8\%.$$

同様に，ハムメールとわかった上で，メールに単語 free が含まれている条件つき確率は

$$\mathbb{P}(\text{Yes}|\text{Ham}) = 7.4\%$$

で与えられる．これに加えて事前情報として

$$\mathbb{P}(\text{Spam}) = 10\%, \ \mathbb{P}(\text{Ham}) = 90\%$$

がある．すると，メールが届いたときに，それがスパムメールであって，かつ，単語 free を含む確率は，二つの確率を乗じた

$$\mathbb{P}(\texttt{Yes}|\texttt{Spam})\mathbb{P}(\texttt{Spam})$$

である．同様に，ハムメールであって，かつ，単語 `free` を含む確率は，

$$\mathbb{P}(\texttt{Yes}|\texttt{Ham})\mathbb{P}(\texttt{Ham})$$

である．メールが届いたときにスパム，ハムのいずれにせよ結局，単語 `free` を含む確率はそれらの和で

$$\mathbb{P}(\texttt{Yes}|\texttt{Spam})\mathbb{P}(\texttt{Spam}) + \mathbb{P}(\texttt{Yes}|\texttt{Ham})\mathbb{P}(\texttt{Ham})$$

である．したがって，単語 `free` を含むメール全体の中でのスパムメールの割合は

$$\mathbb{P}(\texttt{Spam}|\texttt{Yes}) = \frac{\mathbb{P}(\texttt{Yes}|\texttt{Spam})\mathbb{P}(\texttt{Spam})}{\mathbb{P}(\texttt{Yes}|\texttt{Spam})\mathbb{P}(\texttt{Spam}) + \mathbb{P}(\texttt{Yes}|\texttt{Ham})\mathbb{P}(\texttt{Ham})} \tag{1.1}$$

で計算できる．この計算式を**ベイズの公式** (Bayes rule) という．実際に計算すると，この値は

$$\frac{0.518 \times 0.10}{0.518 \times 0.10 + 0.074 \times 0.90} = 43.75\%$$

となる．今の計算を，例を使っておさらいをしよう．

例 1.1 牛海綿脳症 (BSE) のある検査は，BSE に罹患した牛に正しく陽性反応（罹患と判定）を示す確率が 70% だった．また，BSE ではない，健常な牛にあやまって陽性反応を示す確率が 10% だった．牛全体で BSE に罹患した牛は 10^5 頭に一頭の割合と見積もれる．このとき，検査で陽性である条件のもと，牛が罹患している確率を求めたい．

　陽性反応を示すことを `Positive`，陰性反応を示すことを `Negative` と書き，牛が罹患していることを `True`，健常なことを `False` と書く．すると

$$\mathbb{P}(\texttt{Positive}|\texttt{True}) = 70\%, \ \mathbb{P}(\texttt{Positive}|\texttt{False}) = 10\%$$

であり，

$$\mathbb{P}(\texttt{True}) = 10^{-5}, \ \mathbb{P}(\texttt{False}) = 1 - 10^{-5}$$

である．したがってベイズの公式に代入すると，検査で陽性である条件のもと，牛が罹患している確率は

$$\mathbb{P}(\texttt{True}|\texttt{Positive}) = \frac{\mathbb{P}(\texttt{Positive}|\texttt{True})\,\mathbb{P}(\texttt{True})}{\mathbb{P}(\texttt{Positive}|\texttt{True})\,\mathbb{P}(\texttt{True}) + \mathbb{P}(\texttt{Positive}|\texttt{False})\,\mathbb{P}(\texttt{False})}$$

で計算できる．実際にこの値を計算すると，

$$\frac{0.70 \times 10^{-5}}{0.70 \times 10^{-5} + 0.10 \times (1 - 10^{-5})} = 7.0 \times 10^{-5}.$$

したがって，このレベルの検査であれば，陽性反応が出ても，罹患していない可能性が高い．

1.1.3 ベイズの公式の一般化

前項では，メールがスパムであるかハムであるか不確実であるときのベイズの公式をあつかった．ここではより一般のベイズの公式を紹介する．その前に記号の用意をしよう．二つの出来事 A, B があるとする．出来事 A が起きたもとで出来事 B が起きる条件つき確率は，$\mathbb{P}(A) > 0$ なら，公式

$$\mathbb{P}(B|A) = \frac{\mathbb{P}(A \cap B)}{\mathbb{P}(A)}$$

で与えられる．とくに，

$$\mathbb{P}(B|A)\mathbb{P}(A) = \mathbb{P}(A \cap B)$$

が成り立つことに注意しよう．なお，煩雑なので，これ以降は $\mathbb{P}(A) > 0$ であるという条件は書かない．

K は 2 以上の整数とする．出来事 $A_1, \ldots, A_K$ は互いに排反，すなわち，任意の異なる $1 \le i, j \le K$ に対し，

$$A_i \cap A_j = \emptyset$$

とする．しかも，これらの出来事が漏れなくすべての結果を含む，すなわち

$$\mathbb{P}(A_1 \cup A_2 \cup \cdots \cup A_K) = 1$$

としよう．

条件つき確率の式から，出来事 B に対し，

$$\mathbb{P}(B) = \sum_{k=1}^{K} \mathbb{P}(B \cap A_k) = \sum_{k=1}^{K} \mathbb{P}(B|A_k)\mathbb{P}(A_k)$$

が成り立つ．だから，出来事 B が起きたとして，出来事 A_k の条件つき確率が

$$\mathbb{P}(A_k|B) = \frac{\mathbb{P}(A_k \cap B)}{\mathbb{P}(B)} = \frac{\mathbb{P}(B|A_k)\mathbb{P}(A_k)}{\sum_{l=1}^{K} \mathbb{P}(B|A_l)\mathbb{P}(A_l)}$$

で計算できる．この式は，式 (1.1) の一般化の，二つ以上の出来事に対するベイズの公式である．簡単な例として三つの出来事に対するベイズの公式の適用を見よう．

例 1.2 大きさの同じ三枚のカードがある．一枚は表裏とも赤，一枚は表裏とも青，もう一枚は片面は赤で裏面は青に塗られている．カードの表裏は色以外で判別できないとする．カードを見ずに，一枚引いたら表面は赤だった．裏面も赤の確率は？

確率は 50% と思うかもしれない．実はそうではない．表裏赤，表裏青，片面赤片面青，それぞれのカードを選ぶ事象を

$$RR, BB, RB$$

とする．互いに排反で，すべての可能性を尽くしている．それぞれを選ぶ確率は

$$\mathbb{P}(\mathrm{RR}) = \mathbb{P}(\mathrm{BB}) = \mathbb{P}(\mathrm{RB}) = \frac{1}{3}$$

である．出た面が赤である事象を R と書き，青である事象を B と書く．選ばれたカードそれぞれの条件のもとで R となる確率は

$$\mathbb{P}(\mathrm{R}|\mathrm{RR}) = 1,\ \mathbb{P}(\mathrm{R}|\mathrm{BB}) = 0,\ \mathbb{P}(\mathrm{R}|\mathrm{RB}) = 1/2$$

である．したがってベイズの公式から，

$$\mathbb{P}(\mathrm{RR}|\mathrm{R}) = \frac{\mathbb{P}(\mathrm{R}|\mathrm{RR})\,\mathbb{P}(\mathrm{RR})}{\mathbb{P}(\mathrm{R}|\mathrm{RR})\,\mathbb{P}(\mathrm{RR}) + \mathbb{P}(\mathrm{R}|\mathrm{BB})\,\mathbb{P}(\mathrm{BB}) + \mathbb{P}(\mathrm{R}|\mathrm{RB})\,\mathbb{P}(\mathrm{RB})}$$

となり，表面が赤のときに裏面も赤である確率は 2/3 である．

K 個の出来事に対するベイズの公式を考えた．さらに，出来事が量的変数である場合を考えよう．N は正の整数とし，N 枚のコインを投げる．表になる確率を θ とする．このとき，θ は $0 \le \theta \le 1$ の可能性がある量的変数である．量的変数 θ の取りうる値を Θ と書く．この場合 $\Theta = [0,1]$ である．N 枚のうち n 枚表になる出来事 $B = \{n\}$ の確率は，θ を知っていたなら

$$\mathbb{P}(\{n\}|\theta) = \binom{N}{n}\theta^n(1-\theta)^{N-n}$$

となる．これは**二項分布** (Binomial distribution) $\mathcal{B}(N,\theta)$ の**確率関数** (Probability mass function) である．確率関数を持つ確率分布を離散分布という．一方，θ の起きる確率は定義できない．起きる確率の濃さ $p(\theta)$ が定義できて，**確率密度関数** (Probability density function) と呼んだ．確率密度関数を持つ確率分布を連続分布という．確率の濃さだから，θ が a 以上 b 以下となる確率は

$$\mathbb{P}(a \le \theta \le b) = \int_a^b p(\theta)\mathrm{d}\theta$$

で計算できる．濃さを全部積分すれば 1 になる，すなわち

$$\int_0^1 p(\theta)\mathrm{d}\theta = 1$$

である．ここでは簡単のため，一様の確率の濃さ $p(\theta) = 1\ (0 \le \theta \le 1)$ を持つとする．すなわち，$p(\theta)$ は一様分布 $\mathcal{U}[0,1]$ の確率密度関数である（式 (2.1) を参照）．すると，N 枚のうち n 枚が表であったとき，コインの表になる確率の濃さ，確率密度関数の θ での値は

$$p(\theta|\{n\}) = \frac{p(\{n\}|\theta)p(\theta)}{\int_0^1 p(\{n\}|\theta)p(\theta)\mathrm{d}\theta} = \frac{\theta^n(1-\theta)^{N-n}}{\int_0^1 \theta^n(1-\theta)^{N-n}\mathrm{d}\theta} \tag{1.2}$$

となる．これは**ベータ分布** (Beta distribution) $\mathcal{B}e(n+1, N-n+1)$ の確率密度関数である．右辺の分母は**ベータ関数** (Beta function) $B(n, N-n)$ と呼ばれる関数である．ベータ関数はあとに

出てくるガンマ関数との間に,

$$B(\alpha, \beta) = \int_0^1 \theta^{\alpha-1}(1-\theta)^{\beta-1}\mathrm{d}\theta = \frac{\Gamma(\alpha)\Gamma(\beta)}{\Gamma(\alpha+\beta)} \tag{1.3}$$

という関係を持つ.

　条件づける出来事 B も量的変数であることを考える. このとき,慣習に習い, B の代わりに x と表記する. x の起こる条件つき確率も定義できず,その濃さとして確率密度関数

$$p(x|\theta)$$

を考える. 出来事 x の条件のもと θ の確率密度関数は

$$p(\theta|x) = \frac{p(x|\theta)p(\theta)}{\int_{\vartheta \in \Theta} p(x|\vartheta)p(\vartheta)\mathrm{d}\vartheta} \tag{1.4}$$

となる. これが,原因となる出来事も結果となる出来事も,両方とも量的変数であるときのベイズの公式である.

▶ 1.1.4　R 言語について

　本節の最後に,本節であつかった解析をプログラムで実行する. 本書では R 言語を使うことにする. フリーソフトウェアであり,オープンソースである R 言語は教育機関で広く用いられている. Rcpp パッケージを用いることで,高速な C++言語の恩恵も受けることができる. 描画ツールも豊富である. 使い方は適当な成書を参照のこと. 準備も兼ねて,簡単なところから実行画面も載せていくことする.

◀ リスト 1.1　R 言語の組み込みデータ diamonds の出力 ▶

```
 1  > data(diamonds)
 2  > diamonds[1:4,]
 3  # A tibble: 4 x 10
 4    carat cut color clarity depth table price x y z
 5    <dbl> <ord> <ord> <ord> <dbl> <dbl> <int> <dbl> <dbl> <dbl>
 6  1 0.23 Ideal E SI2 61.5 55 326 3.95 3.98 2.43
 7  2 0.21 Premium E SI1 59.8 61 326 3.89 3.84 2.31
 8  3 0.23 Good E VS1 56.9 65 327 4.05 4.07 2.31
 9  4 0.290 Premium I VS2 62.4 58 334 4.2 4.23 2.63
10  > table(diamonds[,c(2,3)])
11          color
12  cut D E F G H I J
13    Fair 163 224 312 314 303 175 119
```

```
14    Good 662 933 909 871 702 522 307
15    Very Good 1513 2400 2164 2299 1824 1204 678
16    Premium 1603 2337 2331 2924 2360 1428 808
17    Ideal 2834 3903 3826 4884 3115 2093 896
```

　　上は R 言語のコマンドライン・インタープリタの出力を写したものである．記号 “>” は R 言語の入力開始記号であり，入力開始記号に続く文字列が R への指示である．キーボードを通して入力された R への指示は，エンターキー (Enter Key, Return Key) を押すことにより実行される．実行された R 言語の指示に出力がある場合は，次の行に結果が出力される．入出力の意味を一行目から見てみよう．一行目で R 言語の組み込みデータである diamonds が読み込まれた．二行目で diamonds データの一〜四行を出力する指示が書かれ，三行目から九行目がその出力である．十行目で cut を縦軸に，color を横軸に取る分割表を描くよう，table 関数が使われ，その出力が十一行目以降に書かれている．これを確率表にするには全体をダイアモンドの総数で割れば良い．

　　続いて，三枚のカードの例を実験してみよう．表が赤のとき，裏も赤である確率は 2/3 だった．本当だろうか．

◀ リスト 1.2　三枚のカードの表裏の実験 ▶

```
1     > color <- matrix(c(rep(0:1,each=3),rep(0:1,3)),ncol=2)
2     > color
3          [,1] [,2]
4     [1,] 0 0
5     [2,] 0 1
6     [3,] 0 0
7     [4,] 1 1
8     [5,] 1 0
9     [6,] 1 1
10    > card <- rmultinom(1, 10000, prob=rep(1/6,6))
11    > card
12         [,1]
13    [1,] 1700
14    [2,] 1638
15    [3,] 1733
16    [4,] 1634
17    [5,] 1686
18    [6,] 1609
19    > r <- sum(card * color[,1])
20    > r
```

```
21   [1] 4929
22   > rr <- sum(card * color[,1] * color[,2])
23   > rr
24   [1] 3243
25   > rr/r
26   [1] 0.6579428
```

　第一行目では行列を `color` に入力し，二行目でその中身を出力させた．なお，`(color <- matrix(c(rep(0:1,each=3),rep(0:1,3)),ncol=2))` のように，命令を丸カッコでくくると，入力と出力をいっぺんにできる．行列 color の各行は三種のカードの表裏計六通りの結果をあらわす．0 は青を，1 は赤をあらわし，一列目は表，二列目は裏をあらわすことにする．また，十行目で 10,000 回の実験をおこなった結果を `card` に入力した．`color` の各行に対応して，カードの選択と表裏，どれが何度選ばれたかの結果が得られる．そのうち，十九行目で表が赤の枚数を `r` に，二十二行目でそのうち裏も赤の枚数を `rr` に入力した．すると，表が赤のときに裏も赤の割合は 10,000 回の実験のうち 65.8%．確かにおおよそ 2/3 の確率だ．

➤ 1.2　個人確率とベイズ統計学

　前節でベイズの公式を紹介した．しかし，ベイズの公式で計算したものが何をあらわすか，あいまいだった．本節では，ベイズの公式で求めたものが，頭の中の確率であったことを主張する．それを事後確率と呼び，簡単なモデルでの事後確率の導出法を学ぶ．

◉ 1.2.1　事後分布

　確率をどのように捉えるかは様々な見方がある．中等教育ではすべての結果が等しく同じ確率で起こるということから確率を定義した．大学に入ると**頻度論 (Frequentist)** 的確率を学んだことだろう．確率を繰り返し試行による頻度の極限として捉える考え方である．いずれにせよ，先程のメールの確率は，こうした確率として捉えるにはおかしな点がある．Spam であるか否かはこれから起こる出来事ではなく，すでに起こった出来事であり，メールを受け取った時点で，Spam であるか Ham であるかは 100% 決まった事実のはずだ．時間経過としては以下にようになっている．

$$\text{Spam or Ham} \rightsquigarrow \text{free} = \text{Yes or free} = \text{No}$$

最初は Spam である確率は 10% であった．受け取ったメールを開封し，単語 free がメール文面に含まれていることを発見し，その時点でメールが Spam である確率は 43.75% に跳ね上がった．メールを開封することが確率を変化させるだろうか．

　こうした確率は，実際の現象を表現するものではなく，我々の認識を表現したものと考えるのが自然だ．メールを開封して変化したのは現象ではない．ほかでもない我々の認識である．このように捉

えた確率を個人（的）(Personal probability)，もしくは主観（的）(Subjective probability) 確率と呼ぶ．

　すでに起きた，確実な事実であっても，それが確定的に知ることができない限り不確実とする考え方を体系的にまとめたのが**ベイズ統計学** (Bayesian statistics) であり，個人確率もベイズ統計学の一つの捉え方である．我々の認識に近い形で不確実性を定量化するため，実感と乖離が少ない．個人確率をもとにした統計学を，**主観的ベイズ統計学** (Subjective Bayesian statistics) という．

　ベイズ統計学の重要性や，頻度論的確率との違いの詳細な議論は成書に譲る．本書ではベイズ統計学にもとづき確率を計算することを目的とする．具体的に，ベイズ統計学でどのような計算が必要になるか，本章の残りで紹介する．確率の捉え方として理想的である個人確率であるが，その計算はテクニックが必要であり，本書で紹介するのがそのための計算法である，

　観測 x は未知の要素 θ に起因することが知られていて，確率密度関数，もしくは確率関数 $p(x|\theta)$ を持つ確率分布に従うとする．観測 x が得られたもと，未知の要素 θ の情報を知りたい．要素 θ をパラメータと呼ぶ．パラメータ全体を含む空間をパラメータ空間と呼び，Θ と書く．また，観測が与えられたもとで，θ の関数としての $p(x|\theta)$ を**尤度関数** (Likelihood function) もしくは単に尤度と呼ぶ．条件つき確率の計算で見たように，尤度だけから，観測 x のもとでのパラメータ θ に関する確率は得られない．

　パラメータ θ は確率密度関数 $p(\theta)$ を持つ確率分布に従うとする．この確率分布を**事前分布** (Prior distribution) という．個人確率では事前分布は事前情報のことであった．より広く，ベイズ統計学では事前分布は必ずしも事前情報をあらわさない．不確実性の定量化のため，単に技術的に導入したり，客観的になるように工夫して入れる場合もある．

　パラメータ θ と観測 x の確率分布が定まれば，ベイズの公式 (1.4) にしたがって，x の条件のもとでの θ の確率分布を計算できる．ここで計算される確率分布を**事後分布** (Posterior distribution) と呼ぶ．事後分布の確率密度関数が

$$p(\theta|x) = \frac{p(x|\theta)\ p(\theta)}{\int_\Theta p(x|\theta)\ p(\theta)\mathrm{d}\theta}$$

で与えられ，これを**事後密度関数** (Posterior density function or Posterior density) と呼ぶ．分母はしばしば変数 x の**周辺密度関数** (Marginal posterior density or Marginal density)，もしくは単に正規化定数と呼ばれ，これを $p(x)$ と書く．事後分布はベイズ統計学で最も重要な量で，すべての統計解析は事後分布を通じておこなう．たとえば，パラメータ θ の推定値（代表値）として**事後平均** (Posterior mean)

$$\int_\Theta \theta\ p(\theta|x)\mathrm{d}\theta$$

がよく用いられる．事後分布を使って計算した確率を**事後確率** (Posterior probability) という．それに対して，事前分布で計算した確率を**事前確率** (Prior probability) という．

　ベイズ統計学では観測の従う分布や事前分布，事後分布など様々な確率分布が出てくる．それらを簡潔に表現するため，記号を導入しよう．確率変数 X が，ある確率分布 P に従うとき，$X \sim P$ と書

く．だから，たとえば X が二項分布 $\mathcal{B}(100, 0.5)$ に従うとき，

$$X \sim \mathcal{B}(100, 0.5)$$

と表記する．確率変数 X に加え，もう一つ確率変数 Y があるとする．二つが独立ではないなら，Y の値がわかれば，X についても少し情報が得られるはずだ．Y の値が与えられたもとでの X の従う確率分布は，Y の値が与えられていないものと異なる．この，Y が与えられたもとで，X の従う確率分布のことを，Y で条件づけた，X の**条件つき分布** (Conditional distribution) という．この条件つき分布が $P(Y)$ であるとき，$X|Y \sim P(Y)$ と書く．たとえば θ で条件づけた X の条件つき分布が $\mathcal{B}(100, \theta)$ なら

$$X|\theta \sim \mathcal{B}(100, \theta)$$

と書く．さらに，

$$X_1, \ldots, X_N | Y \sim P(Y)$$

と書いたら，$X_1, \ldots, X_N$ は Y で条件づけてすべて独立で，$X_n|Y \sim P(Y)$, $n = 1, \ldots, N$ であることをあらわす．

1.2.2 正規モデルの事後分布

実数 μ, 正の実数 σ に対し，**正規分布** (Normal distribution) $\mathcal{N}(\mu, \sigma^2)$ の確率密度関数は

$$\frac{1}{\sqrt{2\pi\sigma^2}} \exp\left(-\frac{(x-\mu)^2}{2\sigma^2}\right) \tag{1.5}$$

である．とくに $\mathcal{N}(0, 1)$ を**標準正規分布** (Standard normal distribution) という．正規分布を使ったモデルで，事後確率と事後平均の計算をしてみよう．計算の前に，正規分布に関して次の性質に注意する．確率密度関数を積分すると 1 になるから，

$$\int_{-\infty}^{\infty} \frac{1}{\sqrt{2\pi\sigma^2}} \exp\left(-\frac{(x-\mu)^2}{2\sigma^2}\right) \mathrm{d}x = 1$$
$$\implies \quad \sqrt{2\pi\sigma^2} = \int_{-\infty}^{\infty} \exp\left(-\frac{(x-\mu)^2}{2\sigma^2}\right) \mathrm{d}x \tag{1.6}$$

となる．

例 1.3 $\Theta = \mathbb{R}$ として，観測 $x|\theta \sim \mathcal{N}(\theta, 1)$ が得られたとしよう．このとき尤度は

$$p(x|\theta) = \frac{1}{\sqrt{2\pi}} \exp(-(x-\theta)^2/2)$$

である．事前分布を $\mathcal{N}(0, 1)$ とすると，その確率密度関数は

$$p(\theta) = \frac{1}{\sqrt{2\pi}} \exp(-\theta^2/2)$$

である。すると変数 x の周辺密度関数は

$$p(x) = \frac{1}{2\pi} \int_{\mathbb{R}} \exp\left(-\frac{(x-\theta)^2}{2} - \frac{\theta^2}{2}\right) \mathrm{d}\theta$$

で定義される。上の指数関数の引数を、θ の関数と見て平方完成して

$$-\frac{(x-\theta)^2}{2} - \frac{\theta^2}{2} = -\left(\theta - \frac{x}{2}\right)^2 - \frac{x^2}{4}$$

を得る。すると周辺密度関数の積分が計算できて

$$\frac{1}{2\pi} \int_{\mathbb{R}} \exp\left(-\left(\theta - \frac{x}{2}\right)^2\right) \mathrm{d}\theta \, e^{-x^2/4} = \frac{1}{2\sqrt{\pi}} \, e^{-x^2/4}$$

となる。最後の等式を導出する際に式 (1.6) を使った。周辺密度関数が具体的に求まったので、事後密度は

$$p(\theta|x) = \frac{p(x|\theta)p(\theta)}{p(x)} = \frac{1}{\sqrt{\pi}} \exp\left(-\left(\theta - \frac{x}{2}\right)^2\right)$$

で与えられる。この確率密度関数を持つ確率分布は $\mathcal{N}(x/2, 1/2)$ であり、これが事後分布である。事後平均は正規分布の平均の公式から、$\theta = x/2$ である。

　例 1.3 のように、ある尤度関数に対し、事前分布と事後分布が同じ種類の確率分布になる事前分布を、**共役事前分布** (Conjugate prior distribution) という。今ほど計算機の発展していなかった時代では、共役事前分布を使ったモデリングは重宝された。事後分布を計算機に頼らずに具体的に計算できたからだ。一方、共役事前分布を離れると、多くのモデル、事前分布に対しては事後分布の計算は容易ではない。二十世紀後半までベイズ統計学が主流でなかった原因である。

　例 1.3 の計算法では、事後分布の導出に周辺密度関数の計算が重要に見える。しかし事後分布の計算のさいに、周辺密度関数の計算は必ずしも必要ではない。なぜなら、事後分布は分子の形状で一意に定まるからだ。例 1.3 と同じ事後分布の計算を、周辺確率を計算せずにおこなおう。

例 1.4　例 1.3 と同じ設定のもと、事後密度関数は

$$p(\theta|x) \propto p(x|\theta)p(\theta) \propto \exp\left(-\frac{(x-\theta)^2}{2} - \frac{\theta^2}{2}\right) \propto \exp\left(-\left(\theta - \frac{x}{2}\right)^2\right)$$

となる。ここで $f(\theta) \propto g(\theta)$ は、θ によらない定数 $C > 0$ によって $f(\theta) = Cg(\theta)$ となる意味である。定数 C は x に依存して良い。右辺の形を持つ確率密度関数は $\mathcal{N}(x/2, 1/2)$ の確率密度関数に限る。したがって事後分布は $\mathcal{N}(x/2, 1/2)$ である。この計算法なら変数 x の周辺密度関数は計算せずに済んだ。

以後はこの計算の工夫を使って事後分布を計算しよう。

▶ 1.2.3 ポアソン・ガンマモデルの事後分布

次の例ではガンマ分布をあつかう．正の実数 ν, α に対し，**ガンマ分布 (Gamma distribution)** $\mathcal{G}(\nu, \alpha)$ の確率密度関数は

$$p(x; \nu, \alpha) = \frac{\alpha^\nu x^{\nu-1} \exp(-\alpha x)}{\Gamma(\nu)} \ (x > 0)$$

である．平均は ν/α で与えられることが知られる．分母の $\Gamma(\nu)$ は**ガンマ関数 (Gamma function)** と呼ばれる関数であり，

$$\Gamma(\nu) = \int_0^\infty x^{\nu-1} \exp(-x) \mathrm{d}x$$

で定義される．ガンマ関数は

$$\Gamma(\nu + 1) = \nu \Gamma(\nu)$$

となることが知られていて，とくに，n が正の整数なら $\Gamma(n) = (n-1)!$ である．確率密度関数を積分すると 1 になるから，ガンマ関数は

$$\Gamma(\nu)\alpha^{-\nu} = \int_0^\infty x^{\nu-1} \exp(-\alpha x) \mathrm{d}x \tag{1.7}$$

なる性質を持つ．この事実から，ガンマ分布の平均が ν/α であることがわかる（練習問題 1.5）．

> **例 1.5**　$\Theta = (0, \infty)$ すなわち $\theta > 0$ として，ポアソン分布 $\mathcal{P}(\theta)$ に従う独立な観測 $x_1, \ldots, x_N$ が得られたとしよう．観測をまとめて $x^N = (x_n)_{n=1,\ldots,N}$ と書く．**ポアソン分布 (Poisson distribution)** は確率関数
>
> $$\frac{\theta^x}{x!} e^{-\theta} \ (x = 0, 1, 2, \ldots)$$
>
> を持つ．このとき尤度はそれらの掛け合わせであり，
>
> $$p(x^N | \theta) = \frac{\theta^{x_1}}{x_1!} e^{-\theta} \cdots \frac{\theta^{x_N}}{x_N!} e^{-\theta} \propto \theta^{\sum_{n=1}^N x_n} e^{-N\theta}$$
>
> である．事前分布を指数分布 $\mathcal{E}(1)$ とする．一般に，**指数分布 (Exponential distribution)** $\mathcal{E}(\lambda)$ の確率密度関数は
>
> $$p(\theta; \lambda) = \lambda e^{-\lambda \theta}$$
>
> で与えられる．すると事後密度関数は
>
> $$p(\theta | x^N) \propto p(x^N | \theta) p(\theta) \propto \theta^{\sum_{n=1}^N x_n} e^{-(N+1)\theta}.$$
>
> 右辺の形になるのはガンマ分布である．ガンマ分布の確率密度関数と照らし合わせると，事後分布は $\mathcal{G}(\sum_{n=1}^N x_n + 1, N + 1)$ であり，事後平均は $\frac{\sum_{n=1}^N x_n + 1}{N+1}$ となる．

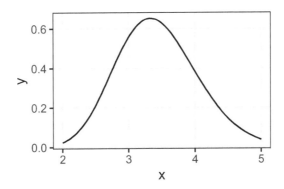

図 1.1 台風データからの事後分布の出力. x 軸はパラメータ, y 軸は事後密度関数の値をあらわす.

2011 年から 2018 年の間に本州に上陸した台風の数は

$$3, 2, 2, 4, 4, 6, 4, 5$$

だった. これがポアソン分布 $\mathcal{P}(\theta)$ に従うと仮定する. ポアソン分布のパラメータ θ は毎年上陸する台風の期待値をあらわす. 事前分布を $\mathcal{E}(1)$ とすると, 上の例から事後分布が計算できる. R 言語を用いて計算し, 事後分布をプロットしてみよう.

◖ リスト 1.3　台風データからの事後分布の描画 ◗

```r
install.packages("ggplot2")
library(ggplot2)
data <- c(3,2,2,4,4,6,4,5)
ggplot(data.frame(x = c(2, 5)), aes(x)) +
  stat_function(fun = dgamma, args = list(shape = 1 + sum(data), rate = 1 + length(data)))
         + theme_bw()
```

　上は今まで載せていた, コマンドライン・インタープリタの写しではなく, R 言語への指示のみ記載している. R 言語の計算環境は, R 言語のプログラム群, **パッケージ (Package)** によって拡張できる. 統計手法や, 描画, データの読み込みや書き出しなど目的に応じて数多くのパッケージが存在する. ユーザは必要なパッケージをその都度読み込む必要がある. ここでは描画のため, 一行目で **ggplot2** パッケージをインストールし, 二行目で現在の R 言語のセッションに読み込んだ. なお, パッケージのインストールは, R 言語をインストールしたあとに一度だけおこなえばよい. 一方, セッションへの読み込みは特別な設定をしない限り, セッションをたちあげるたびに必要である.

　出力された図 1.1 から, 年間 3〜4 回程度の上陸の可能性が高いことがわかる. 事後平均は $31/9 = 3.44$

程度であるからそれが裏付けられる.

◆ 1.2.4　多変数の事後分布

次に，多変数のパラメータを持つ確率分布を考えよう．多変数のパラメータを持つなら，事後分布も多次元になる．一般に，一次元の変数 d 個 $\theta_1,\ldots,\theta_d$ をまとめた多次元の確率分布のことを**結合分布** (Joint probability distribution) と呼ぶ．また，d 個のうちの，長さ $m(\leq d)$ の部分列 $\theta_{i_1},\ldots,\theta_{i_m}$ $(i_1,\ldots,i_m = 1,\ldots,d)$ をまとめた分布を $\theta_{i_1},\ldots,\theta_{i_m}$ の**周辺分布** (Marginal probability distribution) という．結合分布が事後分布であったとき，その周辺分布を，**周辺事後分布** (Marginal posterior distribution) という．

次の例では，事後分布の構成に，自由度 ν, 位置パラメータ μ, 尺度パラメータ σ の t **分布** (Student's t-distribution) $\mathcal{T}_\nu(\mu,\sigma)$ があらわれる．t 分布 $\mathcal{T}_\nu(\mu,\sigma)$ は，確率密度関数

$$p(x;\nu,\mu,\sigma) = \frac{\Gamma((\nu+1)/2)}{\Gamma(\nu/2)(\pi\nu)^{1/2}\sigma}\left(1+\frac{1}{\nu}\left(\frac{x-\mu}{\sigma}\right)^2\right)^{-(\nu+1)/2} \tag{1.8}$$

を持つ.

平均，分散ともに未知の正規分布からの事後分布の構成を考えよう．計算はなかなか大変だ．まずは $N = 1$ で計算してみることをおすすめする．なお，正の整数 N, および実数 $a_1,\ldots,a_N$ に対し，

$$\prod_{n=1}^{N} a_n$$

とは

$$a_1 \times a_2 \times \cdots \times a_N$$

のことである.

> **例 1.6**　正の整数 N, 実数 μ,α,β, 正の実数 τ を用意する．ここで α,β は既知であり，パラメータは $\theta = (\mu,\tau)$ とする．また，$x_1,\ldots,x_N|\mu,\tau \sim \mathcal{N}(\mu,\tau^{-1})$ とする．さらに $\mu|\tau \sim \mathcal{N}(0,\tau^{-1}), \tau \sim \mathcal{G}(\alpha,\beta)$ とする．観測をまとめて x^N と書く．尤度は
>
> $$p(x^N|\mu,\tau) = \prod_{n=1}^{N}\frac{1}{\sqrt{2\pi\tau^{-1}}}\exp\left(-\frac{1}{2}(x_n-\mu)^2\tau\right)$$
>
> $$\propto \tau^{N/2}\exp\left(-\frac{1}{2}\sum_{n=1}^{N}(x_n-\mu)^2\tau\right)$$
>
> となる．したがって事後密度関数は
>
> $$p(\mu,\tau|x^N) \propto p(x^N|\mu,\tau)p(\mu|\tau)p(\tau)$$
>
> $$\propto \tau^{N/2}\exp\left(-\frac{1}{2}\sum_{n=1}^{N}(x_n-\mu)^2\tau\right)\tau^{1/2}\exp\left(-\frac{1}{2}\mu^2\tau\right)\tau^{\alpha-1}\exp(-\beta\tau)$$

$$\propto \tau^{(N-1)/2+\alpha} \exp\left(-\left\{\frac{1}{2}\sum_{n=1}^{N}(x_n-\mu)^2 + \frac{1}{2}\mu^2 + \beta\right\}\tau\right)$$

となる.

これが μ, τ の結合分布の確率密度関数であるが,どんな分布であるかすぐにわからない.周辺分布を計算することで明瞭になる.波カッコの中身を μ について平方完成する.煩雑なので,波カッコの中身のうち β を省くと,

$$\frac{N+1}{2}\mu^2 - \mu\sum_{n=1}^{N}x_n + \frac{1}{2}\sum_{n=1}^{N}x_n^2$$
$$= \frac{N+1}{2}\left(\mu - \frac{\sum_{n=1}^{N}x_n}{N+1}\right)^2 + \frac{1}{2}\left(\sum_{n=1}^{N}x_n^2 - \frac{(\sum_{n=1}^{N}x_n)^2}{N+1}\right)$$

となる.この平方完成の式と,

$$p(\mu|\tau, x^N) \propto p(\mu, \tau|x^N)$$

から,条件つき分布 $\mu|\tau, x^N$ を導出できる.実際,正規分布のパラメータと見比べることにより,

$$\mu|\tau, x^N \sim \mathcal{N}\left(\frac{\sum_{n=1}^{N}x_n}{N+1}, \frac{\tau^{-1}}{N+1}\right)$$

となる.また,先程の平方完成から,τ の周辺分布も計算できる.周辺分布の確率密度関数は

$$p(\tau|x^N) = \int_{-\infty}^{\infty} p(\mu, \tau|x^N)\mathrm{d}\mu$$
$$\propto \tau^{N/2+\alpha-1} \exp\left(-\left\{\frac{1}{2}\left(\sum_{n=1}^{N}x_n^2 - \frac{(\sum_{n=1}^{N}x_n)^2}{N+1}\right) + \beta\right\}\tau\right)$$

となる.するとガンマ分布の確率密度関数と見比べて,

$$\tau|x^N \sim \mathcal{G}\left(\frac{N}{2}+\alpha, \frac{1}{2}\left(\sum_{n=1}^{N}x_n^2 - \frac{(\sum_{n=1}^{N}x_n)^2}{N+1}\right) + \beta\right).$$

となる.したがって先程の結合分布は,τ の周辺分布がガンマ分布に,μ の τ で条件づけた分布が正規分布になる.

同じ事後分布を,別の方法で表記しよう.今,(μ, τ) の結合分布を,τ の周辺分布と,μ の τ で条件づけた分布であらわした.今度は同じ結合分布を,μ の周辺分布と,τ の μ で条件づけた分布であらわそう.

例 1.7 例 1.6 の事後分布の，別の分解ができることにも注意しよう．今度は最初に，μ で条件づけた τ の従う確率分布を考える．先程と同じく

$$p(\tau|\mu, x^N) \propto p(\mu, \tau|x^N)$$

だから，ガンマ分布の確率密度関数と見比べて，

$$\tau|\mu, x^N \sim \mathcal{G}\left(\frac{N+2\alpha+1}{2}, \frac{1}{2}\sum_{n=1}^{N}(x_n - \mu)^2 + \frac{1}{2}\mu^2 + \beta\right)$$

となる．また，ガンマ分布の確率密度関数の形から，

$$p(\mu|x^N) = \int_0^\infty p(\mu, \tau|x^N)\mathrm{d}\tau$$

$$\propto \left\{\frac{1}{2}\sum_{n=1}^{N}(x_n - \mu)^2 + \frac{1}{2}\mu^2 + \beta\right\}^{-(N+2\alpha+1)/2}$$

となる．波カッコの中身を平方完成すると

$$\frac{N+1}{2}\left\{\left(\mu - \frac{\sum_{n=1}^{N}x_n}{N+1}\right)^2 + \frac{\sum_{n=1}^{N}x_n^2}{N+1} - \frac{\left(\sum_{n=1}^{N}x_n\right)^2}{(N+1)^2} + \frac{2\beta}{N+1}\right\}$$

したがって，

$$p(\mu|x^N) \propto \left\{1 + \frac{1}{N+2\alpha}\left(\frac{\mu - \sum_{n=1}^{N}x_n/(N+1)}{\sigma}\right)^2\right\}^{-(N+2\alpha+1)/2}$$

となる．ただし，

$$\sigma^2 = \frac{\sum_{n=1}^{N}x_n^2 - (\sum_{n=1}^{N}x_n)^2/(N+1) + 2\beta}{(N+2\alpha)(N+1)}.$$

t 分布の確率密度関数の形 (1.8) と見比べると，

$$\mu|x^N \sim \mathcal{T}_{N+2\alpha}\left(\frac{\sum_{n=1}^{N}x_n}{N+1}, \sqrt{\frac{\sum_{n=1}^{N}x_n^2 - (\sum_{n=1}^{N}x_n)^2/(N+1) + 2\beta}{(N+2\alpha)(N+1)}}\right)$$

となる．

　加・米の天文学者 S. ニューカム (Simon Newcomb, 1835-1909) は，1878 年から光の速度の測定をはじめた．彼は光が基準の距離 7,442 メートルを通過するまでの時間を計測した．ニューカムの 66 回の観測結果は R 言語の組み込みデータ newcomb になっている．一つ一つの観測は $\mathcal{N}(\mu, \tau^{-1})$ に従

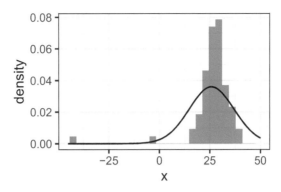

図 1.2　光の通過時間の測定値（青いヒストグラム）と平均パラメータの周辺事後密度関数（黒い実線）．なお，x 軸の値は，実測値 x を $x \mapsto (x-24) \times 10^3$ によって変換したもの．

い独立で，事前分布として $\mu|\tau \sim \mathcal{N}(0, \tau^{-1})$, $\tau \sim \mathcal{G}(1,1)$ を考える．図 1.2 に，実際のニューカムのデータのヒストグラムと，平均パラメータ μ の周辺事後密度関数を図示した．図 1.2 からわかるように，このデータは $x = 25$ 付近に多くのデータがある．しかしそれらの多数のデータから乖離した値が，$x = 0$ 近辺，$x = 40$ 近辺にも存在する，そのため，釣鐘状の確率密度関数を持つ正規分布に従うように見えない．だから，観測が $\mathcal{N}(\mu, \tau^{-1})$ に従うという仮定は良くないかもしれない．そのため，事後確率の意義も限定的であることに注意したい．

➤ 1.3 ベイズ統計学の基本

◯ 1.3.1 信用集合

　ベイズ統計学では事後分布が興味の対象である．事後分布が一次元の確率分布であれば，その事後密度関数や累積分布関数そのもの，もしくはそれらの推定値を図示することができる．しかし高次元ではそうした方法を取れない．事後分布からさらに情報抽出が必要である．事後平均や，事後確率はその代表である．また，周辺分布を考えれば低次元の分布に捉え直せる．そうすれば図示することも有効である．本節はそのほかの方法を紹介する．

　信用集合 (Credible set) は事後分布の不確実性を伝える有効な手法の一つである．パラメータ空間を Θ とする．実数 $0 < \alpha < 1$ に対し，

$$\int_C p(\theta|x)\mathrm{d}\theta > \alpha$$

となる Θ の部分集合 C を確率 α の信用集合という．とくに C が区間であるときは**信用区間** (Credible interval) という．定義から，信用集合は一意に決まらない．区間 $[0,1]$ や $[0,\infty)$ など，パラメータ空間が実数の集合 $\mathbb{R}$ に含まれていて，なおかつ $1/2 < \alpha < 1$ のときは

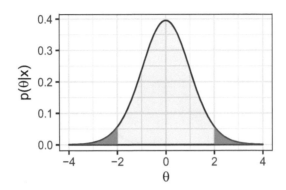

図 1.3　図は確率密度関数 $p(\theta|x)$ をあらわす．図の両端の青く塗られた部分は式 (1.9) の二つの積分に対応する．両端の青く塗られた部分の面積それぞれが $(1-\alpha)/2$ 以下になるように取る．すると青く塗られた部分は合わせて $1-\alpha$ 以下である．だから，二つの青い部分を除いた中心部分の面積は α 以上になる．両側をくり抜いた中心部分の θ の領域を信用区間とすれば，確率 α の信用区間になっている．

$$\int_{-\infty}^{c_{(1-\alpha)/2}} p(\theta|x)\mathrm{d}\theta \le (1-\alpha)/2, \quad \int_{c_{(1+\alpha)/2}}^{\infty} p(\theta|x)\mathrm{d}\theta \le (1-\alpha)/2 \tag{1.9}$$

なる実数 $c_{(1-\alpha)/2}, c_{(1+\alpha)/2}$ を選び，$C = [c_{(1-\alpha)/2}, c_{(1+\alpha)/2}]$ とすることが多い．図 1.3 を見よ．

　ほかのアプローチとして，事後密度関数 $p(\theta|x)$ の値の大きいほうから選びだした信用集合，**HPD (Highest Posterior Density)-信用集合（区間）**を使う方法がある．HPD-信用集合 C は，ある実数 c によって

$$C = \{\theta \in \Theta : p(\theta|x) > c\}$$

という形に書ける．なお，$\{\theta \in \Theta : p(\theta|x) > c\}$ は集合の表記の仕方で，Θ に含まれる θ の中で，条件

$$p(\theta|x) > c$$

を満たす θ すべてを集めた集合のことである．ただし，HPD-信用区間の導出はしばしば困難で，以下の例でも HPD-信用区間は導出しない．

例 1.8　パラメータ θ のベルヌーイ分布 $\mathcal{B}(1,\theta)$ の確率関数は

$$p(1|\theta) = \theta,\ p(0|\theta) = 1 - \theta$$

であらわされる．ただし，x^N は観測をまとめたものである．ベルヌーイ分布からの長さ N の観測 $x_1, \ldots, x_N$ があるとき，尤度は確率関数を掛け合わせたもので，

$$p(x^N|\theta) = \theta^{\sum_{n=1}^{N} x_n}(1-\theta)^{N-\sum_{n=1}^{N} x_n}$$

となる．事前分布を一様分布 $\mathcal{U}[0,1]$，すなわち $p(\theta) = 1\ (0 < \theta < 1)$ とすると，事後密度関数は

$$p(\theta|x^N) \propto p(x^N|\theta)\, p(\theta) = \theta^{\sum_{n=1}^{N} x_n}(1-\theta)^{N-\sum_{n=1}^{N} x_n}$$

であり，右辺の形の確率密度関数を持つ確率分布はベータ分布である．パラメータ α, β のベータ分布 $\mathcal{Be}(\alpha, \beta)$ は確率密度関数

$$\frac{\theta^{\alpha-1}(1-\theta)^{\beta-1}}{B(\alpha, \beta)} \quad (0 < \theta < 1)$$

を持つ．事後密度関数の形を見ると事後分布は $\mathcal{Be}(1+\sum_{n=1}^{N} x_n, 1+N-\sum_{n=1}^{N} x_n)$ である．確率 95% の信用区間 $[a, b]$ は

$$\frac{\int_a^b \theta^{\sum_{n=1}^{N} x_n}(1-\theta)^{N-\sum_{n=1}^{N} x_n}\mathrm{d}\theta}{B(1+\sum_{n=1}^{N} x_n, 1+N-\sum_{n=1}^{N} x_n)} \geq 0.95$$

となる区間として定義される．式 (1.9) のように $c_{0.025}, c_{0.975}$ を取ると，区間 $C = [c_{0.025}, c_{0.975}]$ は確率 95% の信用区間になる．

　フランスの数学者，政治家の P. S. ラプラス (Pierre Simon Laplace, 1749-1827) は 1800 年から 1802 年の間に生まれたフランスの男児，女児の出生数を記録した．その記録によれば 110,312 人が男児，105,287 人が女児だった．生まれる男女の性別はベルヌーイ分布に従うとする．また，事前分布は一様分布とする．すると男児の生まれる確率 θ の事後分布は，ベータ分布 $\mathcal{Be}(110313, 105288)$ に従う．よって確率 95% の信用区間は

$$[0.510, 0.514]$$

となる．出生時は男の子が生まれやすいことが知られ，上の結果はそれと整合的である．
　なお，男の子が生まれやすい，すなわち $\theta > 0.5$ の事後確率は式 (1.9) に従って，

$$\frac{\int_{0.5}^{1} \theta^{110312}(1-\theta)^{105287}\mathrm{d}\theta}{B(110313, 105288)} = 1 - 1.35 \times 10^{-27}$$

であり，極めて高い．

> 📝 信用区間は，頻度論で使われる，信頼区間とよく比較される．信頼区間ではこのような確率的解釈は難しい．信頼区間の構成の際は確率 95% という用語でなく，信頼係数という用語を用いる．信頼区間と確率が直接的に結びつかないからだ．

◀ リスト 1.4　男の子の出生率に関する事後確率の計算 ▶

```
1  > c(qbeta(0.025, shape1 = 110313, shape2 = 105288), qbeta(0.975, shape1 = 110313, shape2 =
      105288))
2  [1] 0.5095434 0.5137633
```

```
3    > pbeta(0.5,110313,105288)
4    [1] 1.345331e-27
```

1.3.2 事後予測

予測の不確実性は，現在の不確実性に将来の不確実性を足し合わせたものである．ベイズ統計学で将来予測をする際は，次の状況が典型的である：観測 $x_1, \ldots, x_N$ は独立同分布で，将来の観測 x^* は同じ構造から生成される．すなわち，観測 x^* の従う確率分布は次の確率密度関数もしくは確率関数

$$p(x^*|\theta)$$

を持つ．パラメータ θ は未知である．しかし，観測 $x_1, \ldots, x_N$ から，パラメータ θ の情報，事後分布が存在する．だから，θ はある程度はわかる．観測 x^* の，データから予測される確率分布は，未知のパラメータ部分を事後分布で積分して，次の確率密度関数もしくは確率関数を持つことになる．

$$p(x^*|x^N) = \int_\Theta p(x^*|\theta) p(\theta|x^N) \mathrm{d}\theta.$$

こうしてできた確率分布を**事後予測分布** (Posterior predictive distribution) という．

> **例 1.9**　先程と同じく，観測 $x_1, \ldots, x_N$ はポアソン分布 $\mathcal{P}(\theta)$ に従い，事前分布を指数分布 $\mathcal{E}(1)$ としよう．すると例 1.5 より，事後分布は $\mathcal{G}(\alpha, \beta) = \mathcal{G}(\sum_{n=1}^N x_n + 1, N+1)$ だった．もし θ がわかっているなら，将来の観測 x^* はポアソン分布 $\mathcal{P}(\theta)$ に従うから確率関数
>
> $$p(x^*|\theta) = \frac{\theta^{x^*}}{x^*!} e^{-\theta} \ (x^* = 0, 1, 2, \ldots)$$
>
> を持つ．これを事後分布で積分したのが事後予測分布の確率関数で，
>
> $$p(x^*|x^N) = \int_0^\infty \left\{ \frac{\theta^{x^*}}{x^*!} e^{-\theta} \right\} \left\{ \frac{\beta^\alpha \theta^{\alpha-1}}{\Gamma(\alpha)} e^{-\beta\theta} \right\} \mathrm{d}\theta$$
>
> となる．この式はガンマ関数の性質 (1.7) を使えば積分できて，
>
> $$p(x^*|x^N) = \frac{\beta^\alpha}{x^*!\,\Gamma(\alpha)} \int_0^\infty \theta^{x^*+\alpha-1} e^{-(\beta+1)\theta} \mathrm{d}\theta$$
> $$= \frac{\beta^\alpha}{x^*!\,\Gamma(\alpha)} \frac{\Gamma(x^*+\alpha)}{(\beta+1)^{x^*+\alpha}}.$$
>
> ただし，$\alpha = \sum_{n=1}^N x_n + 1, \beta = N+1$ である．この事後予測分布を負の二項分布（式 2.7 を参照）という．

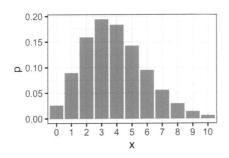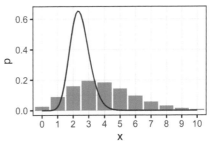

図 1.4　左図は台風データからの予測分布．x 軸は台風の上陸数をあらわし，y 軸はその予測確率をあらわす．右図は予測分布（バープロット）事後分布（実線）を重ね合わせた．ただし，実線は x をパラメータとして描いている．

　実際に台風上陸数のデータに適用しよう．2019 年の台風上陸数の事後予測確率関数のバープロット (Barplot) が図 1.4 左である．図 1.1 の事後分布の確率密度関数との違いに注意しよう（図 1.4 右を参照）．事後分布はおおよそ 2 から 5 の間の確率が高いが，予測分布はそれと比べるとばらつきが大きい．なぜなら，事後予測分布は現在の不確実性をあらわす事後分布に加え，将来予測分の誤差があるからである．コインの表の出る確率が 50% であるという確実な知識があったとしても，将来のコインが表であるかどうか，予測不可能であることを思い起こすと良い．

▶ 1.3.3　客観的ベイズ統計学

　ここまで事前分布の選択について述べていない．個人確率にもとづくなら，事前分布は個人の認識がそのまま投影されるものであり，事前分布の選択の余地はないはずだ．しかし，個人確率はベイズ統計学の基本的な考え方ではあるが，そのまま応用するには少なくとも二つの問題がある．第一に，個人確率はあくまで個人の確率であり，他人にそのまま適用できないということである．したがって科学的議論のように客観性が必要な場面では，多くの個人の共通認識にもとづいて確率を計算する必要があろう．しかし共通認識の考え方は，個人確率の考え方から乖離がある．第二に，たとえ個人確率を計算することが許されたとしても，個人の認識を正しく数値的に個人確率に投影するのは不可能であるということである．認識はあいまいであり，確率の公理を満たさない．したがって，原理的な個人確率からの乖離は必然である．乖離を許容するとなるとそこには選択の問題がある．

　事前分布は具体的にどの程度結果に影響するのか．台風のデータを例にとって見てみよう．事前分布を $\mathcal{G}(\alpha, \beta)$ とし，α, β の影響を見る．先程の同様の計算から，事後分布は一般に $\mathcal{G}(\sum_{n=1}^{N} x_n + \alpha, N + \beta)$ となる．先程は $\alpha = 1, \beta = 1$ としていた．式 (1.9) にしたがって確率 95% の信用区間を作り，その下限 $c_{0.025}$，上限 $c_{0.975}$ を図示してみる．図 1.5 を見ると，事前分布の値によって，信用区間が大きく変わることが見て取れる．α を大きくすると信用区間の下限，上限が正の方向に移動する．一方，β を大きくすると下限，上限は負の方向に移動する．事前分布は，実験以前の状態の情報量をあらわす．だから，台風のデータのように情報量の少ない実験であれば，事前情報の選択は結果を左右する．事前分布の存在は恣意性を疑わせる．すると，どのような事前分布が良いだろうか．

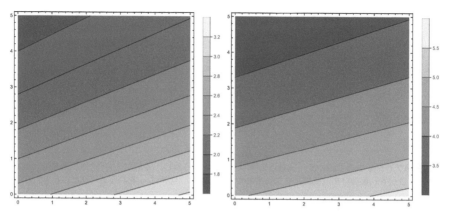

図 1.5 台風データへの事前分布の影響．x 軸は α を，y 軸は β をあらわす．左が確率 95% の信用区間の下限，右が上限である．それぞれの図に付随する色の判例で，おおよその値を知ることができる．

　客観的事前分布の考え方は，共通認識の定式化にある．誰もが異を唱えにくい，自然な事前分布を使えば，それを用いた結論は多くの人にも意味があるという考え方だ．客観的事前分布の古典的な例はラプラスによる．ラプラスは子供の産み分け問題の際に，男の子の生まれる確率 θ の事前分布として，パラメータ空間 $\Theta = [0,1]$ 上の一様分布を提案した．一様なら自然であり，客観的だというアイデアからだ．では，ポアソン分布 $\mathcal{P}(\theta)$ のパラメータ θ の事前分布ではどうか．この場合もラプラスによれば，パラメータ空間 $\Theta = (0,\infty)$ 上の一様分布を事前分布として取るべきとした．しかし，このパラメータ空間は広すぎて，一様分布を確率分布として定義できない．なぜなら

$$\int_0^\infty \mathrm{d}\theta = +\infty$$

となるからだ．客観的事前分布の考え方を使うなら，このような確率分布ではないものも，事前分布として許容しなければいけない．これを**非正則 (Improper) な分布** という．一方で，確率分布をはじめ，積分して有限のものを，正則であるという．上のような，パラメータ空間の大きさにかかわらず，密度関数を $p(\theta) = 1$ として取る事前分布が，ラプラスによる客観事前分布のアイデアであり，非正則な事前分布の代表例である．なお，ここで $p(\theta)$ を確率密度関数と言わず，密度関数とよんだことに注意しよう．非正則な事前分布を許しても，事後分布は多くの場合はちゃんと確率分布になる．ただし第 1.4 節のモデル事後確率の計算の際には，事前分布が確率分布でないことが問題を引き起こすから，注意して使う必要がある．

例 1.10 $\Theta = (0,\infty)$ として，ポアソン分布 $\mathcal{P}(\theta)$ に従う独立な観測 $x_1,\ldots,x_N$ が得られたとする．観測をまとめて x^N と書く．ラプラスによる客観事前分布のアイデアを使うと事後密度関数は

$$p(\theta|x^N) \propto \theta^{\sum_{n=1}^N x_n} e^{-N\theta}$$

であり，これはガンマ分布 $\mathcal{G}(\sum_{n=1}^N x_n + 1, N)$ の確率密度関数である．したがって事

後分布は $\mathcal{G}(\sum_{n=1}^{N} x_n + 1, N)$ になる.

客観的事前分布にもとづく統計学を，**客観的ベイズ統計学 (Objective Bayesian statistics, or Non-subjective Bayesian statistics)** という．しかし現代の客観的ベイズ統計学の考え方によると，ラプラスによる客観事前分布のアイデアは客観的とは言いがたい．なぜなら，変数変換に対して不変ではないからだ．

例 1.11 上の例を，θ ではなく，$\eta = \log\theta$ をパラメータとして解析しよう．ここで，新しいパラメータ η は $(-\infty, \infty)$ の値を取ることに注意しよう．すると $\theta = \exp(\eta)$ から $\mathrm{d}\theta = \exp(\eta)\mathrm{d}\eta$ である．だから，ラプラスによる客観事前分布も変換されて，密度関数

$$p(\eta) = \exp(\eta)$$

を持つ事前分布になる．この分布はもはやラプラスの意味での客観性を満たさない．ただ変数変換を施しただけなのに，客観的なものが主観的に変化しうるだろうか．

上のようなラプラスによる客観事前分布のアイデアの批判を受け，パラメータ変換でも変わらない事前分布こそ客観事前分布と呼ぶべきという考え方がある．事前分布がパラメータ変換で変わらないとき，**不変性 (Invariance)** があるという．不変性を持つ事前分布の一つとして，**ジェフリーズ事前分布 (Jeffreys' prior distribution)** が応用でよく使われている．

観測 x は確率密度関数，もしくは確率関数 $p(x|\theta)$ を持つ確率分布に従うとする．ただし，$\theta = (\theta_1, \ldots, \theta_d)$ は未知のパラメータである．観測 x を与えられた定数とし，θ の関数と見た $p(x|\theta)$ を尤度というのだった．このとき，対数尤度 $\log p(x|\theta)$ の θ による微分

$$\left(\frac{\partial}{\partial\theta_i}\log p(x|\theta)\right)_{i=1,\ldots,d}$$

を**スコア関数 (Score function)** という．ここで，

$$\frac{\partial f}{\partial x_k}(x_1, x_2, \ldots, x_K) \tag{1.10}$$

は，関数 $f(x_1, \ldots, x_K)$ を，x_k 以外の項をとめて x_k で微分することをあらわす．このように，多変数関数の，一つの変数のみに関する微分を，**偏微分 (Partial differentiation)** といい，式 (1.10) を，関数 $f(x, y)$ の x についての**偏導関数 (Partial derivative)** という．本シリーズ「椎名，姫野，保科 (2019)」の第十章を参照．

また，$p(x|\theta)$ が確率密度関数なら

$$I_{ij}(\theta) = \int \left(\frac{\partial}{\partial\theta_i}\log p(x|\theta)\right)\left(\frac{\partial}{\partial\theta_j}\log p(x|\theta)\right) p(x|\theta)\mathrm{d}x,$$

$p(x|\theta)$ が確率関数なら

$$I_{ij}(\theta) = \sum_x \left(\frac{\partial}{\partial \theta_i} \log p(x|\theta) \right) \left(\frac{\partial}{\partial \theta_j} \log p(x|\theta) \right) p(x|\theta),$$

で定義される行列 $I(\theta) = (I_{ij}(\theta))_{i,j=1,\dots d}$ を**フィッシャー情報行列** (Fisher's information matrix) という．このとき，

$$p(\theta) \propto \sqrt{\det I(\theta)}$$

となる密度関数を持つ事前分布がジェフリーズ事前分布である．だたし $\det A$ で行列 A の行列式をあらわす．ジェフリーズ事前分布も通常，非正則である．

例 1.12 フィッシャー情報行列はパラメータ空間が一次元のときはフィッシャー情報量という．ベルヌーイ分布 $\mathcal{B}(1,\theta)$ は $p(1|\theta) = \theta$, $p(0|\theta) = 1 - \theta$ なる確率関数を持つ．パラメータが一次元だから，ベルヌーイ分布はフィッシャー情報量を持ち，

$$I(\theta) = \left\{ \frac{\partial}{\partial \theta} \log p(1|\theta) \right\}^2 p(1|\theta) + \left\{ \frac{\partial}{\partial \theta} \log p(0|\theta) \right\}^2 p(0|\theta)$$
$$= \theta^{-1} + (1-\theta)^{-1} = (\theta(1-\theta))^{-1}$$

となる．したがってジェフリーズ事前分布は密度関数

$$p(\theta) \propto \sqrt{I(\theta)} = (\theta(1-\theta))^{-1/2}$$

を持つ．これは確率密度関数であり，ジェフリーズ事前分布は正則で，ベータ分布 $\mathcal{B}e(1/2, 1/2)$ になる．

このとき，パラメータの変換 $\vartheta = \theta^2$ による不変性を示そう．ベルヌーイ分布の確率関数は $q(1|\vartheta) = \vartheta^{1/2}, q(0|\vartheta) = 1 - \vartheta^{1/2}$ とあらわされる．フィッシャー情報量は

$$\left\{ \frac{\vartheta^{-1/2}/2}{\vartheta^{1/2}} \right\}^2 \vartheta^{1/2} + \left\{ \frac{-\vartheta^{-1/2}/2}{1 - \vartheta^{1/2}} \right\}^2 (1 - \vartheta^{1/2}) = \frac{\vartheta^{-1}}{4} (\vartheta^{1/2}(1-\vartheta^{1/2}))^{-1}$$

となる．だから，ジェフリーズ事前分布の密度関数は

$$\frac{\vartheta^{-1/2}}{2} (\vartheta^{1/2}(1-\vartheta^{1/2}))^{-1/2}$$

となる．先程のパラメータ θ に対するジェフリーズ事前分布と異なるから，不変と思えないかもしれない．しかし，この分布は変数変換 $\theta = \vartheta^{1/2}$ を施すと先程のジェフリーズ事前分布と一致する．実際に，1 以下の正の実数 a に対し，$0 < \theta < a$ となる事前確率を計算して確認しよう．パラメータ ϑ なら $0 < \vartheta < a^2$ である．したがって，事前確率は

$$\frac{\int_0^{a^2} \frac{\vartheta^{-1/2}}{2} (\vartheta^{1/2}(1-\vartheta^{1/2}))^{-1/2} \mathrm{d}\vartheta}{\int_0^1 \frac{\vartheta^{-1/2}}{2} (\vartheta^{1/2}(1-\vartheta^{1/2}))^{-1/2} \mathrm{d}\vartheta} = \frac{\int_0^a (\theta(1-\theta))^{-1/2} \mathrm{d}\theta}{\int_0^1 (\theta(1-\theta))^{-1/2} \mathrm{d}\theta}$$

となり，$\mathcal{B}e(1/2, 1/2)$，すなわちジェフリーズ事前分布の累積分布関数と一致する．

例 1.12 の議論は特別な例の，特別な変換に対する不変性を示したが，同じやり方で一般に，ジェフリーズ事前分布の不変性を示すことができる．ジェフリーズ事前分布の定義でフィッシャー情報行列の行列式の平方根が使われたのは，変数変換のヤコビ行列式とちょうど釣り合うようにするためなのだが，本書ではこの事実を示すのは割愛する．

例 1.13 ポアソン分布 $\mathcal{P}(\theta)$ は確率関数 $p(x|\theta) = \theta^x e^{-\theta}/x!$ を持つ．したがってスコア関数は

$$\frac{x}{\theta} - 1$$

となる．X を $\mathcal{P}(\theta)$ に従う確率変数とすると，

$$I(\theta) = \mathbb{E}\left[\left(\frac{X}{\theta} - 1\right)^2\right] = \theta^{-2}\operatorname{Var}(X) = \theta^{-1}$$

となる．ただし，ポアソン分布の平均，分散がともに θ であることを用いた．だから，ジェフリーズ事前分布は密度関数 $\theta^{-1/2}$ を持つ．このとき，

$$\int_0^\infty \theta^{-1/2}\mathrm{d}\theta = +\infty$$

だから，ジェフリーズ事前分布は非正則な事前分布になる．

長さ N の観測 $x_1,\ldots,x_N|\theta \sim \mathcal{P}(\theta)$ に対し，ジェフリーズ事前分布を用いて事後分布を計算しよう．観測をまとめて x^N と書く．事後分布は

$$p(\theta|x^N) \propto \left\{\prod_{n=1}^N \frac{\theta^{x_n}}{x_n!}e^{-\theta}\right\}\theta^{-1/2} \propto \theta^{-1/2 + \sum_{n=1}^N x_n}e^{-N\theta}$$

となる．形から，事後分布はガンマ分布 $\mathcal{G}(1/2 + \sum_{n=1}^N x_n, N)$ に従う．とくに，事後分布は正則になる．

例 1.14 パラメータが多次元の場合も見てみよう．正規分布 $\mathcal{N}(\mu, \tau^{-1})$ は確率密度関数

$$\sqrt{\frac{\tau}{2\pi}}\exp\left(-\frac{1}{2}(x-\mu)^2\tau\right)$$

を持つ．だからスコア関数は

$$\begin{pmatrix} (x-\mu)\tau \\ \frac{1}{2\tau} - \frac{(x-\mu)^2}{2} \end{pmatrix}$$

となる．ここで，$X \sim \mathcal{N}(\mu, \tau^{-1})$ なら，

$$\mathbb{E}[X - \mu] = \mathbb{E}[(X-\mu)^3] = 0, \ \mathbb{E}[(X-\mu)^2] = \tau^{-1}, \ \mathbb{E}[(X-\mu)^4] = 3\tau^{-2}$$

となることが知られている. よって

$$I(\mu,\tau) = \begin{pmatrix} \tau & 0 \\ 0 & \tau^{-2}/2 \end{pmatrix} \implies \sqrt{\det I(\mu,\tau)} = \tau^{-1/2}/\sqrt{2},$$

となり, ジェフリーズ事前分布は密度関数

$$p(\mu,\tau) \propto \tau^{-1/2}$$

を持つ. この分布もまた, 非正則である. ここで, もし τ が既知であるなら, パラメータが μ だけになって, ジェフリーズ事前分布は $p(\mu) \propto \sqrt{\tau} \propto 1$ となり, ラプラスによる客観事前分布のアイデアと同じものになる. 反対に μ が既知であるならジェフリーズ事前分布は $p(\tau) \propto \sqrt{\tau^{-2}/2} \propto \tau^{-1}$ となる.

上の例のように, ジェフリーズ事前分布は, データと尤度だけから決めることが出来ないことに注意しよう. なぜなら, パラメータが既知かどうかという, 付随する情報に左右されるからだ.

> 注 個人確率の解釈によれば客観的な事前分布は存在しない. したがって, 非主観的事前分布という呼称がより適当だ. また, 無情報事前分布という用語もよく使われる. しかしここでは客観, 主観の対比のしやすさから, 客観的事前分布という言い方を用いている.

➤ 1.4 モデル事後確率

確率分布の候補が複数ある場合がある. 観測 x の従う分布の候補として確率密度関数, もしくは確率関数の列

$$p(x|\theta_1, 1), \ldots, p(x|\theta_M, M)$$

があるとする. 各 $m = 1, \ldots, M$ で θ_m はパラメータ空間 Θ_m の要素である. パラメータ空間 Θ_m の次元は m に依存して良い. このとき, ベイズ統計学の立場で, 観測 x からどのモデルがもっともらしいかを計算したい.

▶ 1.4.1 モデル事後確率

今, M 個のモデルは, それぞれパラメータ $\theta_1, \ldots, \theta_M$ を持っているのだった. それぞれのパラメータに対して事前分布の確率密度関数列 $p(\theta_1|1), \ldots, p(\theta_M|M)$ が与えられているとしよう. それぞれの確率分布と事前分布のペアを合わせてモデルと呼び, モデル $\mathcal{M}_1, \ldots, \mathcal{M}_M$ の事後確率を計算する問題と捉える. ここでは, パラメータ $\theta_1, \ldots, \theta_M$ だけでなく, モデル $\mathcal{M}_m$ $(m = 1, \ldots, M)$ そのものにも事前確率が入る. それを $p(1), \ldots, p(M)$ と書こう. 確率だから $p(m) \geq 0$ であり, $\sum_{m=1}^{M} p(m) = 1$ である. すると, θ_m とモデル $\mathcal{M}_m$ への事前分布の確率密度関数を

$$p(\theta_m, m) = p(\theta_m|m)p(m)$$

とあらわすことができる．だから，観測 x に対する事後分布の確率密度関数は

$$p(\theta_m, m|x) \propto p(x|\theta_m, m)p(\theta_m|m)p(m)$$

となる．正規化定数もしっかり書くならば

$$p(\theta_m, m|x) = \frac{p(x|\theta_m, m)p(\theta_m|m)p(m)}{\sum_{m=1}^{M} \int_{\Theta_m} p(x|\theta_m, m)p(\theta_m|m)p(m)\mathrm{d}\theta_m}$$

となる．だから，モデル $\mathcal{M}_m$ の事後確率は，両辺を θ_m について積分して，

$$p(m|x) = \frac{\int_{\Theta_m} p(x|\theta_m, m)p(\theta_m|m)p(m)\mathrm{d}\theta_m}{\sum_{m=1}^{M} \int_{\Theta_m} p(x|\theta_m, m)p(\theta_m|m)p(m)\mathrm{d}\theta_m}$$

となる．これが**モデルの事後確率** (Model posterior probability) である．この値を使ってモデルの妥当性を評価する．分子に出てくる周辺確率密度関数を

$$p(x|m) = \int_{\Theta_m} p(x|\theta_m, m)p(\theta_m|m)\mathrm{d}\theta_m$$

と書けば，モデル事後確率は

$$p(m|x) = \frac{p(x|m)p(m)}{\sum_{m=1}^{M} p(x|m)p(m)}$$

と書ける．

例 1.15　整数 N_1, N_2，正の実数 σ および，未知の実数 μ_1, μ_2 がある．観測 $x_1^1, \ldots, x_{N_1}^1$ は $\mathcal{N}(\mu_1, \sigma^2)$ に，観測 $x_1^2, \ldots, x_{N_2}^2$ は $\mathcal{N}(\mu_2, \sigma^2)$ に従い，すべて独立とする．それぞれの観測をまとめたものを $x_1^{N_1}, x_2^{N_2}$ と書き，さらにこの二つをすべてまとめたものを x^N と書く．このとき，

$$\mathcal{M}_1 : \mu_1, \mu_2 \sim \mathcal{N}(0, \sigma^2) \ (\mu_1, \mu_2 \text{ は独立}), \ \mathcal{M}_0 : \mu_1 = \mu_2 \sim \mathcal{N}(0, \sigma^2)$$

の事後確率に興味があるとする．二つのモデルに均等な事前確率 $p(1) = p(0) = 0.5$ を置く．これは，現段階ではどちらのモデルがよりもっともらしいかがわかっていないことに対応する．$\mathcal{M}_1$ のもとでの周辺確率密度関数は

$$p(x^N|1) = \int_{-\infty}^{\infty} \int_{-\infty}^{\infty} p(x^N|\mu_1, \mu_2)p(\mu_1)p(\mu_2)\mathrm{d}\mu_1\mathrm{d}\mu_2$$

$$= \int_{-\infty}^{\infty} p(x^{1,N_1}|\mu_1)p(\mu_1)\mathrm{d}\mu_1 \int_{-\infty}^{\infty} p(x^{2,N_2}|\mu_2)p(\mu_2)\mathrm{d}\mu_2$$

である．だから，各 x^{1,N_1}, x^{2,N_2} の周辺確率密度関数を $p(x^{1,N_1}|1), p(x^{2,N_2}|1)$ と書くと，

$$p(x^N|1) = p(x^{1,N_1}|1)p(x^{2,N_2}|1)$$

である．計算は同じなので $p(x^{1,N_1}|1)$ について調べる．周辺確率密度関数は

$$p(x^{1,N_1}|1) = \int_{-\infty}^{\infty} (2\pi\sigma^2)^{-(N_1+1)/2} \exp\left(-\frac{1}{2\sigma^2}\left\{\mu_1^2 + \sum_{n=1}^{N_1}(x_n^1 - \mu_1)^2\right\}\right) \mathrm{d}\mu_1$$

である．指数関数の中身を平方完成すると

$$-\frac{1}{2\sigma^2}\left\{(1+N_1)\left(\mu_1 - \frac{\sum_{n=1}^{N_1}x_n^1}{1+N_1}\right)^2 + \sum_{n=1}^{N_1}(x_n^1)^2 - \frac{\left(\sum_{n=1}^{N_1}x_n^1\right)^2}{1+N_1}\right\}$$

を得る．したがって x^{1,N_1} の周辺確率密度関数は

$$p(x^{1,N_1}|1) = (2\pi\sigma^2)^{-N_1/2}(1+N_1)^{-1/2}\exp\left(-\frac{1}{2\sigma^2}\left\{\sum_{n=1}^{N_1}(x_n^1)^2 - \frac{\left(\sum_{n=1}^{N_1}x_n^1\right)^2}{1+N_1}\right\}\right)$$

となる．観測 x^{2,N_2} でも周辺確率密度関数の計算はまったく同様である．$N = N_1 + N_2$ とし，観測 x^{1,N_1}, x^{2,N_2} をまとめて $x_1, \ldots, x_N$ と表記すると，モデル $\mathcal{M}_0$ の，x^N に対する事後密度関数も同じ操作で計算できる．したがって，

$$p(0|x^N) = \cfrac{1}{1 + \sqrt{\frac{1+N}{(1+N_1)(1+N_2)}}\exp\left(-\frac{1}{2\sigma^2}\left\{\frac{\left(\sum_{n=1}^{N}x_n\right)^2}{1+N} - \frac{\left(\sum_{n=1}^{N_1}x_n^1\right)^2}{1+N_1} - \frac{\left(\sum_{n=1}^{N_2}x_n^2\right)^2}{1+N_2}\right\}\right)}$$

となる．

　ハムスターのビタミン C の影響を計測した ToothGrowth データセットを使って事後確率を求めてみよう．ToothGrowth のデータセットの実験ではハムスターを二つの群に分け，一つの群にはオレンジジュース，もう一つの群にはビタミン C の錠剤を与えた．いずれの方法でもビタミン C が摂取されるが，摂取効率が異なると予想された．摂取されたビタミン C の計量は難しいから，代わりにハムスターの歯の伸び具合 (len) が計測された．なぜなら，ビタミン C を多く摂取すると歯がよく伸びると考えられたからだ．

　二つの群はそれぞれ正規分布 $\mathcal{N}(\mu_1, \sigma^2)$, $\mathcal{N}(\mu_2, \sigma^2)$ に従うとする．例 1.15 のように，モデル $\mathcal{M}_0$ では $\mu_1 = \mu_2$ であるとし，標準正規分布を事前分布として定めた．モデル $\mathcal{M}_1$ では μ_1, μ_2 は異なり独立とし，それぞれに標準正規分布を事前分布として定めた．例 1.15 では分散を既知としたため，今回のデータでも，データから推定した標準偏差 $\sigma = 7.649$ を既知としてあつかう．図 1.6 でモデル $\mathcal{M}_1$ のもと，μ_1, μ_2 の事後分布を描画した．すると μ_1 のほうが大きいように見える．しかし，モデル $\mathcal{M}_0, \mathcal{M}_1$ を比較すると，$\mathcal{M}_0$ の事後確率は 81% になる．したがって，オレンジジュースと錠剤の

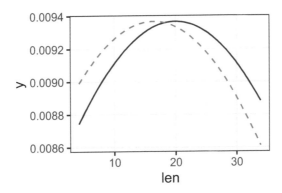

図 1.6　ToothGrowth データから，μ_1, μ_2 が異なるとしたときの，μ_1, μ_2 の事後分布．実線が μ_1，破線が μ_2 である．

摂取効率は同じであるとする事後確率のほうが高い．

◀ リスト 1.5　ToothGrowth データからのモデル事後確率の計算 ▶

```
 1  data("ToothGrowth")
 2  x <- ToothGrowth$len
 3  y <- ToothGrowth$supp
 4  sd <- sd(x)
 5  n1 <- sum(y=="OJ")
 6  x1 <- x[y=="OJ"]
 7  mu1 <- sum(x1) / (1 + n1)
 8  sd1 <- sd * sqrt(1 + sum(y=="OJ"))
 9  n2 <- sum(y=="VC")
10  x2 <- x[y=="VC"]
11  mu2 <- sum(x2) / (1 + n2)
12  sd2 <- sd * sqrt(1 + sum(y=="VC"))
13  q <- 1/(1 + sqrt((1 + n1 + n2) / ((1 + n1) * (1 + n2))) * exp(-(sum(x^2)/(1+n1+n2) - sum(
        x1^2)/(1+n1)-sum(x2^2)/(1+n2))/(2*sd^2))) # Model Posterior probability of Model mu1=
        mu0
14  log10(q/(1-q)) # BayesFactor
```

🔖 例 1.15 では，非正則な事前分布を使わなかった．なぜなら，モデル事後確率の計算では，基本的に非正則な事前分布は避けるべきだからだ．二つのモデルの片方に正則な事前分布を，もう片方に非正則な事前分布を入れると，フェアな比較ができないのだ．ただし，共通パラメータに共通の非正則な事前分布を入れる場合を除く．

1.4.2　ベイズ因子

ベイズ統計学ではモデルの妥当性を事後確率を用いて評価する．統計的仮説検定で使われる恣意的な有意水準でなく，単純に確率評価に帰着されるため，意味が明瞭である．結果の解釈のための基準は実験者に委ねられる．その自由度は却って不便を感じることもある．**ベイズ因子** (**Bayes factor**) はモデル事後確率の理解に一定の基準を与える．

> 注　一方で，こうした基準は統計的仮説検定におけるモデルの取捨選択を連想するし，1% や 5% といった恣意的な有意水準を彷彿させる．

二つのモデル，$\mathcal{M}_i, \mathcal{M}_j$ があるとする．モデル $\mathcal{M}_i$ の，モデル $\mathcal{M}_j$ に対するベイズ因子は

$$B_{ij} = \frac{p(i|x)/p(i)}{p(j|x)/p(j)} = \frac{p(x|i)}{p(x|j)} = \frac{\int_{\Theta_i} p(x|\theta_i, i) p(\theta_i|i) \mathrm{d}\theta_i}{\int_{\Theta_j} p(x|\theta_j, j) p(\theta_j|j) \mathrm{d}\theta_j} \tag{1.11}$$

で定義される．この値が 1 より大きければ $\mathcal{M}_i$ が $\mathcal{M}_j$ より妥当であることが示唆される．英国の客観ベイズ主義の統計学者，H. ジェフリーズ (Harold Jeffreys, 1891-1989) は，より明確な基準を好んだ．彼は B_{ij} の 10 を底とする対数を取り，その値に応じて次のように呼んだ．

- 0〜0.5 ならモデル $\mathcal{M}_i$ の証拠は弱い．

- 0.5〜1.0 ならモデル $\mathcal{M}_i$ の重要な証拠である．

- 1.0〜2.0 ならモデル $\mathcal{M}_i$ の強力な証拠である．

- 2.0 より大きければモデル $\mathcal{M}_i$ は疑いの余地がない．

例 1.16　例 1.15 のケースでは，

$$\begin{aligned}
B_{10} &= \frac{p(x^N|1)}{p(x^N|0)} \\
&= \sqrt{\frac{1+N}{(1+N_1)(1+N_2)}} \\
&\quad \exp\left(-\frac{1}{2\sigma^2}\left\{\frac{\left(\sum_{n=1}^N x_n\right)^2}{1+N} - \frac{\left(\sum_{n=1}^{N_1} x_n^1\right)^2}{1+N_1} - \frac{\left(\sum_{n=1}^{N_2} x_n^2\right)^2}{1+N_2}\right\}\right)
\end{aligned}$$

である．

先程の ToothGrowth の例であればベイズ因子 $B_{01} = p(0|x^N)/p(1|x^N)$ の底を 10 とした対数は 0.64 となる．ジェフリーズの基準なら，平均を同じとするモデルへの重要な証拠であるとされる．

➤ 1.5 線形回帰モデル

本節はやや発展的なので，はじめて読むときは，この節を読み飛ばしても構わない．N は正の整数，α, β は実数で，二つを合わせて $\theta = (\alpha, \beta)$ を未知のパラメータとする．正の実数 σ，実数 $x_1, \dots, x_N$ は与えられた定数とする．簡単のため，$\sum_{n=1}^{N} x_n = 0$ となるようにあらかじめ調整されているものとする．観測 $y_1, \dots, y_N$ は独立で，それぞれ $n = 1, \dots, N$ に対し，$y_n | \alpha, \beta \sim \mathcal{N}(\alpha + \beta x_n, \sigma^2)$ とする．この確率分布を線形回帰モデルという．また，実数 α, β に対し，

$$y = \alpha + \beta x \ (-\infty < x < \infty)$$

を回帰直線という．線形回帰モデルの尤度は

$$p(y^N | \theta) = \prod_{n=1}^{N} \frac{1}{\sqrt{2\pi\sigma^2}} \exp\left(-\frac{1}{2\sigma^2}(y_n - \alpha - \beta x_n)^2\right) \propto \exp\left(-\frac{1}{2\sigma^2}\sum_{n=1}^{N}(y_n - \alpha - \beta x_n)^2\right)$$

となる．ただし，y^N は観測 $y_1, \dots, y_N$ をまとめたものである．パラメータ α, β それぞれに事前分布 $\mathcal{N}(0, \sigma^2)$ を独立に入れると，

$$
\begin{aligned}
p(\theta | y^N) &\propto p(y^N | \theta) p(\alpha) p(\beta) \\
&\propto \exp\left(-\frac{1}{2\sigma^2}\sum_{n=1}^{N}\left\{(y_n - \alpha - \beta x_n)^2 + \alpha^2 + \beta^2\right\}\right).
\end{aligned}
$$

先程 $\sum_{n=1}^{N} x_n = 0$ を仮定したおかげで，指数関数の中身は

$$
\begin{aligned}
&-\frac{1}{2\sigma^2}\left\{\sum_{n=1}^{N}\left(y_n^2 + \alpha^2 + \beta^2 x_n^2 - 2\alpha y_n - 2\beta x_n y_n + 2\alpha\beta x_n\right) + \alpha^2 + \beta^2\right\} \\
&= -\frac{1}{2\sigma^2}\left\{\alpha^2(1+N) - 2\alpha\sum_{n=1}^{N}y_n + \beta^2\left(1 + \sum_{n=1}^{N}x_n^2\right) - 2\beta\sum_{n=1}^{N}x_n y_n + \sum_{n=1}^{N}y_n^2\right\} \\
&= -\frac{1}{2\sigma^2}\left\{(1+N)\left(\alpha - \frac{\sum_{n=1}^{N}y_n}{1+N}\right)^2 + \left(1 + \sum_{n=1}^{N}x_n^2\right)\left(\beta - \frac{\sum_{n=1}^{N}x_n y_n}{1 + \sum_{n=1}^{N}x_n^2}\right)^2\right\} + C
\end{aligned}
$$

となる．ただし，C はパラメータに依存しない定数であり，

$$C = -\frac{1}{2\sigma^2}\left\{\sum_{n=1}^{N}y_n^2 - \frac{\left(\sum_{n=1}^{N}x_n y_n\right)^2}{1 + \sum_{n=1}^{N}x_n^2} - \frac{\left(\sum_{n=1}^{N}y_n\right)^2}{1 + N}\right\}$$

である．したがって，事後分布は α については

$$\mathcal{N}\left(\frac{\sum_{n=1}^{N}y_n}{1+N}, \frac{\sigma^2}{1+N}\right),$$

β については

$$\mathcal{N}\left(\frac{\sum_{n=1}^{N} x_n y_n}{1 + \sum_{n=1}^{N} x_n^2}, \frac{\sigma^2}{1 + \sum_{n=1}^{N} x_n^2}\right)$$

となり，それらは独立である．事後分布を用いて信用区間の計算ができる．あらたに実数 x が与えられたとき，y の値の事後予測分布はふたたび正規分布となり，

$$\mathcal{N}\left(\frac{\sum_{n=1}^{N} y_n}{1 + N} + \frac{\sum_{n=1}^{N} x_n y_n}{1 + \sum_{n=1}^{N} x_n^2}\, x, \frac{\sigma^2}{1 + \sum_{n=1}^{N} x_n^2} + \frac{\sigma^2}{1 + \sum_{n=1}^{N} x_n^2} x^2 + \sigma^2\right)$$

となる．なぜなら，y の予測は，$y \sim \mathcal{N}(\alpha + \beta x, \sigma^2)$ なるルールに，α, β に先程の事後分布を代入したものだからだ．

今のモデルを $\mathcal{M}_1$ としよう．また，$\beta = 0$ としたモデルを $\mathcal{M}_0$ としよう．二つのモデルの事後確率を計算する．二つのモデルへの事前確率は 0.5 ずつとする．モデル $\mathcal{M}_0$ でも，α への事前分布は変わらず $\mathcal{N}(0, \sigma^2)$ とする．すると，今の計算から $p(y^N|1)$ は

$$\int_{-\infty}^{\infty} \int_{-\infty}^{\infty} p(y^N|\theta, 1) p(\alpha|1) p(\beta|1) \mathrm{d}\alpha \mathrm{d}\beta$$

$$= (2\pi\sigma^2)^{-N/2} C'\left(\frac{1}{1+N}\right)^{1/2} \left(\frac{1}{1 + \sum_{n=1}^{N} x_n^2}\right)^{1/2} \int_{-\infty}^{\infty} \int_{-\infty}^{\infty} p(\alpha|y^N, 1) p(\beta|y^N, 1) \mathrm{d}\alpha \mathrm{d}\beta$$

$$= (2\pi\sigma^2)^{-N/2} C'\left(\frac{1}{1+N}\right)^{1/2} \left(\frac{1}{1 + \sum_{n=1}^{N} x_n^2}\right)^{1/2}$$

となる．ただし $C' = \exp(C)$ とした．モデル $\mathcal{M}_0$ でも同様の計算をおこなえばいい．このときは

$$D = -\frac{1}{2\sigma^2}\left\{\sum_{n=1}^{N} y_n^2 - \frac{\left(\sum_{n=1}^{N} y_n\right)^2}{1 + N}\right\}$$

として

$$p(y^N|0) = (2\pi\sigma^2)^{-N/2} \exp(D)\left(\frac{1}{1+N}\right)^{1/2}$$

となる．だから，ベイズ因子は

$$B_{10} = \exp\left(\frac{1}{2\sigma^2} \frac{\left(\sum_{n=1}^{N} x_n y_n\right)^2}{1 + \sum_{n=1}^{N} x_n^2}\right)\left(\frac{1}{1 + \sum_{n=1}^{N} x_n^2}\right)^{1/2}$$

となる．R 言語の組み込みデータセット airquality を使って実際に適用してみよう．上の議論をそのまま適用するには標準偏差が既知でなければいけない．線形回帰モデル $y = \alpha + \beta x$ を考え，最小二乗法を用いて σ を推定したものを，既知として与えよう．$\sigma = 31.33$ と推定された．ベイズ因子は

41.8 と計算され，ジェフリーズの基準によれば疑いの余地なく，$\mathcal{M}_1$ が支持される．

◀ リスト 1.6 　airquality データからのベイズ因子の計算 ▶

```
1   data("airquality")
2   airquality
3   x <- airquality$Solar.R[is.na(airquality$Solar.R)+is.na(airquality$Ozone)==0]
4   x <- x - mean(x)
5   y <- airquality$Ozone[is.na(airquality$Solar.R)+is.na(airquality$Ozone)==0]
6   sd <- 31.33
7   ggplot(airquality,aes(x = Ozone)) +
8     stat_function(fun=dnorm, args = list(mean = sum(y)/(1+length(y)), sd = sd/sqrt(1+length(
         y))),color = "blue")+theme_bw()+xlim(35,50)
9
10  ggplot(airquality,aes(x = Ozone)) +
11    stat_function(fun=dnorm, args = list(mean = sum(x*y)/(1+sum(x^2)), sd = sd/sqrt(1+sum(x
         ^2))),color = "blue")+theme_bw()+xlim(0.16,0.28)
12  log10(exp(1/(2*sd^2)*sum(x*y)^2/(1+sum(x^2)))*1/sqrt(1+sum(x^2)))#Bayes Factor
```

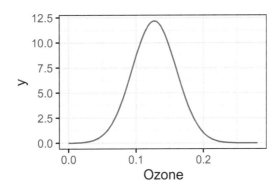

図 1.7　airquality データから，パラメータ β の事後密度関数の描画．

　本章の最後に，本書の R 言語の指示の実行に必要な設定をまとめておく．本書の R 言語の指示を実行する前に，以下の指示を実行しておくと良い．パッケージに関しては，以下の指示よりさらに前に，install.packages("ggplot2") などとして，あらかじめインストールしておく必要がある．

◀ **リスト 1.7　R言語の本書の初期設定** ▶

```
1   library(ggplot2)
2   library(microbenchmark)
```

➤ 第1章　練習問題

1.1　$\mathbb{P}(A) > 0, \mathbb{P}(B) > 0$ とする.

$$\mathbb{P}(A|B) = \mathbb{P}(B|A)$$

が成り立つために, $\mathbb{P}(A), \mathbb{P}(B)$ および $\mathbb{P}(A \cap B)$ が満たすべき条件を求めよ.

1.2　事象 A, B は独立であり, $\mathbb{P}(B) > 0$ とする. また, $\mathbb{P}(B|A \cup B) = 2/3, \mathbb{P}(A|B) = 1/2$ とする. このとき $\mathbb{P}(B)$ を求めよ.

1.3　ある大学では, 学生のうち 60% はスニーカーを履いている. 一方, 教職員のうち 20% がスニーカーを履いている. 大学の構成員のうち, 60% が学生, 40% が教職員とする. その大学の, ある構成員はスニーカーを履いていたとする. このとき彼もしくは彼女が学生である確率を求めよ.

1.4　N は正の整数, σ^2 は既知の正の実数. 観測 $x_1, \ldots, x_N$ は独立で $\mathcal{N}(\theta, \sigma^2)$ に従い, θ の事前分布を $\mathcal{N}(0, \sigma^2)$ とする. このとき θ の事後分布を求めよ.

1.5　ν, α が正の実数であるとき, 式 (1.7) をもちいて, $\mathcal{G}(\nu, \alpha)$ の平均を求めよ.

1.6　N は正の整数, μ は実数, α, β, τ は正の実数とする. 観測 $x_1, \ldots, x_N$ は $\mathcal{N}(\mu, \tau^{-1})$ に従い独立とする. また, $\tau \sim \mathcal{G}a(\alpha, \beta)$ とする. 実数 α, β, μ は既知とするとき, パラメータ τ の事後分布を求めよ.

1.7　α, β は正の実数とする. 観測 x は $\mathcal{E}(\theta)$ に従い, θ の事前分布を $\mathcal{G}(\alpha, \beta)$ とする.

(a) このとき θ の事後分布を求めよ.

(b) 事後平均を求めよ.

(c) 事後予測分布の確率密度関数を求めよ.

1.8　観測 x は $\mathcal{N}(\theta_1, \theta_2^{-1})$ に従い, θ_1 の事前分布を $\mathcal{N}(0, \theta_2^{-1})$ とし, さらに θ_2 の事前分布を $\mathcal{E}(1)$ とする.

(a) θ_1 と x で条件づけた θ_2 の条件つき分布を求めよ.

(b) θ_1 の周辺事後分布は t 分布 $\mathcal{T}_\nu(\mu, \sigma)$ である. 実数 ν, μ, σ を求めよ.

1.9　本問は例 1.8 の二項分布から多項分布への拡張である. K は正の整数, $\alpha_1, \ldots, \alpha_K$ は正の実数

とする. **ディリクレ分布** (Dirichlet distribution) $\mathcal{D}(\alpha_1, \ldots, \alpha_K)$ は確率密度関数

$$p(\theta_1, \ldots, \theta_{K-1}) = \begin{cases} \frac{\Gamma(\alpha_1 + \cdots + \alpha_K)}{\Gamma(\alpha_1) \cdots \Gamma(\alpha_K)} \theta_1^{\alpha_1 - 1} \cdots \theta_K^{\alpha_K - 1} & \text{if } 0 < \theta_k < 1, k = 1, \ldots, K \\ 0 & \text{otherwise} \end{cases}$$

を持つ. ただし, $\theta = (\theta_1, \theta_2, \ldots, \theta_{K-1})$ とし,

$$\theta_K = \theta_K(\theta) = 1 - \theta_1 - \cdots - \theta_{K-1}$$

とする. さらに, N は正の整数で, $\theta_1, \ldots, \theta_{K-1}$ は正の実数で $\theta_1 + \cdots + \theta_{K-1} < 1$ のとき, **多項分布** (Multinomial distribution) $\mathcal{M}(N, \theta_1, \ldots, \theta_{K-1})$ は確率関数

$$p(x_1, \ldots, x_{K-1}) = \begin{cases} \frac{N!}{x_1! \cdots x_K!} \theta_1^{x_1} \cdots \theta_K^{x_K} & \text{if } 0 \le x_k \le N, k = 1, \ldots, K \\ 0 & \text{otherwise} \end{cases}$$

を持つ. ただし, $x = (x_1, \ldots, x_{K-1})$ とし,

$$x_K = x_K(x) = N - x_1 - \cdots - x_{K-1}$$

とする. $x|\theta \sim \mathcal{M}(N, \theta)$, $\theta \sim \mathcal{D}(\alpha_1, \ldots, \alpha_K)$ であるとき, θ の事後分布を求めよ.

1.10 例 1.14 を参考に, 実数 μ, 正の実数 σ による正規分布 $\mathcal{N}(\mu, \sigma^2)$ に対するジェフリーズ事前分布を計算したい. パラメータを $\theta = (\mu, \sigma^2)$ としたときのジェフリーズ事前分布をフィッシャー情報行列の計算による方法と, 不変性を用いて例 1.14 のジェフリーズ事前分布を変換する方法の二通りの方法で求めよ.

1.11 N は正の整数, λ_1, λ_2 は正の実数とする. $x_1^1, \ldots, x_N^1 | \lambda_1 \sim \mathcal{P}(\lambda_1)$, $x_1^2, \ldots, x_N^2 | \lambda_2 \sim \mathcal{P}(\lambda_2)$ でありすべて独立とする. 二つのモデル

$$\mathcal{M}_1 : \lambda_1, \lambda_2 \sim \mathcal{E}(1), \mathcal{M}_0 : \lambda_1 = \lambda_2 \sim \mathcal{E}(1)$$

を考える. 二つのモデルへの事前確率は 0.5 ずつとする.

(a) モデル $\mathcal{M}_0$ の事後確率を求めよ.

(b) ベイズ因子 B_{10} を求めよ.

$$\{ \text{ 第 } 2 \text{ 章 } \}$$

乱数

　統計解析に使われるプログラミング言語では，基本的な擬似乱数の生成は組み込み関数として定義されている．したがって擬似乱数の技術的な仕組みを知る必然性は以前に比べだいぶ減った．しかし，本書後半の発展的ベイズ計算法を理解するには，多少の知識と，それにともなうモンテカルロ法の感覚が必要になる．そのため，ここでは技術的な深入りを避けつつ，確率統計学の教科書の範疇として，基本的な擬似乱数生成について説明する．まず，第 2.1 節では，乱数生成の基本となる，一様擬似乱数の生成について R 言語を通じて紹介する．一様擬似乱数の生成をもとに，第 2.2 節では逆変換法を用いて，一次元の様々な乱数の生成をおこなう．多次元の乱数生成は第 2.3 節であつかわれる．最後の第 2.4 節では強力な乱数生成法である，棄却法をあつかう．

➤ 2.1 一様乱数

　これから計算機で様々な乱数の生成を試みるが，計算機で生成する乱数は確率的ではなく，確定的な数列である．そうした数列はユーザの入力した種によってただ一つに決まり，多くの場合，再現可能なものだ．したがって，確率的な乱数を模した，擬似乱数と呼ぶのが正確である．
　計算機で一様乱数の擬似乱数，一様擬似乱数を生成してみよう．ここで，実数 $a < b$ に対し，区間 $[a, b]$ 上の**一様分布** (Uniform distribution) とは確率密度関数

$$p(x) = \begin{cases} 0 & \text{if } x < a \\ \frac{1}{b-a} & \text{if } a \leq x \leq b \\ 0 & \text{if } x > b \end{cases} \tag{2.1}$$

を持つ確率分布であり，$\mathcal{U}[a, b]$ と書く．この確率分布からの乱数を模した，擬似乱数を，区間 $[a, b]$ 上の一様擬似乱数という．区間を明示せず，単に一様分布というと $\mathcal{U}[0, 1]$ のことをあらわし，一様擬似乱数といえば，その擬似乱数のことを指す．まず R 言語の組み込み関数 runif を用いて，長さ 3 の一様擬似乱数を生成しよう．

◀ リスト 2.1　一様擬似乱数の生成 ▶

```
1   > set.seed(1)
2   > runif(3)
3   [1] 0.2655087 0.3721239 0.5728534
4   > set.seed(1)
5   > runif(3)
6   [1] 0.2655087 0.3721239 0.5728534
7   > set.seed(2)
8   > runif(3)
9   [1] 0.1848823 0.7023740 0.5733263
```

最初の一行では，関数 set.seed によって，擬似乱数の初期値である**種 (Seed)** が指定された．出力はない．二番目の行では，関数 runif によって，長さ 3 の一様擬似乱数生成が指示された．三行目にその結果が出力されている．四行目では，関数 set.seed で種がふたたび設定された．あえて，一行目と同じ種にしてある．種が同じなので，確かに六行目の出力は三行目の出力と等しい．一方，七行目で種を変えると出力が変わった．種を指定しておくことで，擬似乱数を用いた実験の再現が可能になる．

　関数 runif の出力を一様乱数と認識して問題ないか，いくつか実験をしてみよう．まず図 2.1 では，関数 runif によって一様擬似乱数を 1,000 個生成し，そのヒストグラムを描いた．一様擬似乱数のヒストグラムは一様分布の確率密度関数とよく似ていることがわかる．次に，三次元立方体に，擬似乱数による 1,000 個の点を配置した．擬似乱数の空間一様性，すなわち立方体の中に一様に配置されるかを見た．一様分布に従う独立な乱数であれば，立方体の中に均等に分布するはずである．このテストを**スペクトル (Spectral) 検定**という．図 2.2 を見る限り，確かに均等に分布しており，偏りは見られない．こうした視覚的基準に加えて，さらに統計的仮説検定の手法を考えよう．長さ N の乱数 $x_1, \ldots, x_N$ に対し，統計的仮説検定の手法の一つである，**コルモゴロフ・スミルノフ (Kolmogorov–Smirnov) 検定**を適用しよう．コルモゴロフ・スミルノフ検定は与えられた分布，この場合一様分布に対する適合度検定を実行できる．

◀ リスト 2.2　一様擬似乱数に対するコルモゴロフ・スミルノフ検定 ▶

```
1   > set.seed(1)
2   > u <- runif(1000)
3   > ks.test(u,punif)
4
5           One-sample Kolmogorov-Smirnov test
6
```

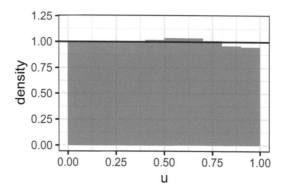

図 2.1 一様擬似乱数によるヒストグラム．黒い実線は，一様分布の確率密度関数に対応する．一様乱数と同じように，特定の偏りは見られない．

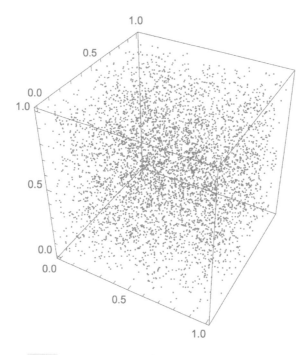

図 2.2 Mersenne-Twister 法での三次元空間への埋め込み．

```
7   data: u
8   D = 0.024366, p-value = 0.5928
9   alternative hypothesis: two-sided
```

長さ 1,000 の関数 runif の出力に対して，関数 ks.test でコルモゴロフ・スミルノフ検定を実行

する．一様分布から乖離しているのであれば，乖離の指標となる p 値は小さくなるはずだ．しかしここでも一様擬似乱数を観測と見た p 値は小さくない．したがって，以上の視覚的基準，統計的基準では，一様擬似乱数は一様分布からの独立な乱数列と見ても顕著な差が見られなかった．

　より具体的に，R 言語の組み込み関数 runif がどのように一様擬似乱数を生成しているのかを見ておこう．R 言語で指示?Random を実行することで，関数 runif の詳しい説明を見ることができる．R 言語には複数の一様擬似乱数生成法が実装されており，以下のように初期設定では Matsumoto and Nishimura (1998) による Mersenne-Twister 法が適用される．指示 RNGkind() を実行することで，現在のセッションにどの手法が使われているかを確認できる．関数 RNGkind を使えば，ほかの一様擬似乱数に変えることもできる．

◀ リスト 2.3　一様擬似乱数の説明 ▶

```
1  > ?Random
2  ...
3  The currently available RNG kinds are given below. kind is partially matched to this list.
        The default is "Mersenne-Twister"
4  ...
5  > RNGkind()
6  [1] "Mersenne-Twister" "Inversion"
```

　こうした一様擬似乱数生成の古典的な手法が**線形合同法 (Linear congruential generators)** である．事前に決める整数 a, b, y_0, n をもとに，

$$y_m = (a\,y_{m-1} + b) \bmod n \ (m = 1, 2, \ldots)$$
$$x_m = \frac{y_m}{n}.$$

として $\{x_m : m = 1, 2, \ldots\}$ を出力する．ただし，$a = b \bmod n$ は b を n で割ったあまりが a であることをあらわす．1970 年代までよく使われていた擬似乱数法 RANDU は $a = 65539, b = 0, n = 2^{31}$ とした線形合同法だった．線形合同法は再現性を持ち，計算も高速である．しかし周期性があり，その周期は構成上，たかだか n である．多次元に均等配列せず，しばしば低次元平面に整列してしまう．図 2.3 では RANDU 法からの出力を三次元立方体に配置し，空間一様性のチェックをおこなった．いくつかの二次元平面上に分布しており，一様分布からの乖離が伺える．乖離が明らかな手法は使うべきではない．なお，Mersenne-Twister 法は線形合同法ではなく，長い周期 $2^{19937} - 1$ を持つ．一方で正しい擬似乱数は存在せず，Mersenne-Twister 法も含め，どの手法も確率的要素のない単なる実数列である．与えられた確定的な擬似乱数を，確率的なものと思えるのはそれが個人確率によって認識されるからだ．よく使われれる擬似乱数は，それを確率的な乱数と捉えることによる弊害が，稀にしか

起こらない数列である．ここで言う，稀であるとは経験的なものであり，感覚的なものである．

リスト2.4　RANDU 法

```
 1  > x <- numeric(1e2)
 2  > y <- 1234
 3  >
 4  > n <- 2 ^ 31 -1
 5  > a <- 65539
 6  > b <- 0
 7  >
 8  > for(i in 1:length(x)){
 9  + y <- (a * y + b) %% n
10  + x[i] <- y / n
11  + }
12  >
13  > x[1:3]
14  [1] 0.03766042 0.22595847 0.09212791
```

上の R 言語の指示の中で使った，1ek は 10^k をあらわす記号である．本書では理論的な記述の際には常に乱数をあつかい，一方，実際の計算では擬似乱数を用いる．このように使い分けが明らかであり，いちいち指数疑似乱数，正規疑似乱数などと書くのは冗長であるから，今後は一部を除いて，擬似乱数も単に乱数と表記する．

➤ 2.2　逆変換法

◉ 2.2.1　連続な確率分布の生成

一様乱数（もう一様擬似乱数と言わないのだった）をもとに，与えられた一次元の確率分布 P に従う乱数を生成する．累積分布関数を F とすると

$$\mathbb{P}(X \leq x) = F(x) \ (-\infty < x < \infty)$$

となる X を生成すればいい．確率密度関数を持つ，連続な確率分布なら，任意の $u \in (0,1)$ に対して，$F(x) = u$ となる x がただ一つに決まる．すると $F^{-1}(u) = x$ で逆関数 F^{-1} が定義できる．このとき一様乱数 U により

$$X = F^{-1}(U)$$

で P に従う確率変数を作れる．なぜなら，

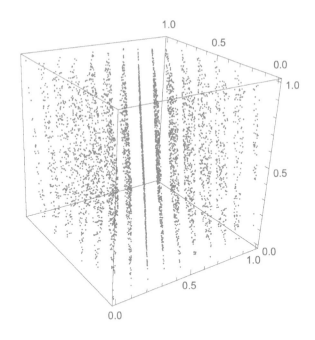

図 2.3 RANDU 法で得られた数列の三次元空間への埋め込み.

$$\mathbb{P}(X \le x) = \mathbb{P}(F^{-1}(U) \le x) = \mathbb{P}(U \le F(x)) = F(x)$$

が成り立つからである.このようにして確率分布 P に従う乱数を生成する方法を**逆変換法 (Inversion method)** という.例として指数分布の乱数,指数乱数を生成しよう.

例 2.1 $\lambda > 0$ とする.指数分布 $\mathcal{E}(\lambda)$ の累積分布関数は

$$F(x) = 1 - e^{-\lambda x} \ (x \ge 0)$$

で与えられる.したがって,一様乱数 U を使って

$$F^{-1}(U) = -\log(1 - U)/\lambda$$

によって指数乱数が発生できる.ただし,$1 - U \sim \mathcal{U}[0, 1]$ であるから,より単純な式

$$-(\log U)/\lambda$$

によっても指数乱数を生成できる.

R 言語で実装してみよう.パラメータ lambda を 2.0 とした.

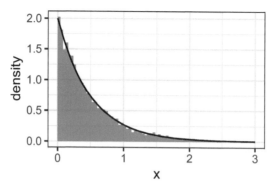

図 2.4 パラメータ $\lambda = 2$ の指数乱数のヒストグラム．黒い実線は指数分布の確率密度関数．

◀ **リスト 2.5　指数乱数の生成法** ▶

```
1  > set.seed(1)
2  > lambda <- 2.0
3  > u <- runif(3)
4  > - (log (u)) / lambda
5  [1] 0.6630539 0.4942642 0.2785628
6  > set.seed(1)
7  > rexp(3,rate=lambda)
8  [1] 0.37759092 0.59082139 0.07285336
```

　逆変換法で正しく指数乱数が生成できているかを確認するため，逆変換法の出力のヒストグラムと確率密度関数との比較を図 2.4 で示したが，著しい乖離は見られない．

　R 言語には，指数乱数生成のための組み込み関数 rexp が実装されている．実際に出力を見ると，同じ種を使っても，組み込み関数と上の逆変換法では異なった値が出力されるから，異なった実装がなされているようだ．R 言語の関数 microbenchmark を使って，逆変換法と組み込み関数の計算時間を比較しよう．

◀ **リスト 2.6　指数乱数の実行時間の比較** ▶

```
1  > install.packages("microbenchmark")
2  > library(microbenchmark)
3  > lambda <- 2.0
4  > n <- 1e5
5  > microbenchmark(A <- - (log (runif (n) ) ) / lambda, times = 100)
```

```
 6   Unit: milliseconds
 7                           expr min lq mean median uq max neval
 8    A <- -(log(runif(n)))/lambda 3.817916 3.889797 4.015139 4.020624 4.098189 4.413085 100
 9   > microbenchmark(B <- rexp( n, rate = lambda), times = 100)
10   Unit: milliseconds
11                           expr min lq mean median uq max neval
12    B <- rexp(n, rate = lambda) 3.938499 3.997608 4.088416 4.084966 4.161055 4.344799 100
```

　まずライブラリ microbenchmark をインストールし，読み込む．関数 microbenchmark によって，逆変換法と R 言語の組み込み関数を比較する．指数乱数 10^5 個の発生を 100 回おこなうのに必要な時間を見る．いくつかの統計量を出力するが，たとえば計算にかかった時間の平均 mean や，中央値 median や，さらに最大値 max を見ても大きな差はない．一般的には，同じ分布の乱数を出力するのであっても，計算時間が大きく異なることがあるので注意しよう．

> **例 2.2**　実数 μ と，正の実数 σ に対し，**コーシー分布** (Cauchy distribution) $\mathcal{C}(\mu, \sigma)$ は確率密度関数
> $$p(x; \mu, \sigma) = \frac{1}{\pi\sigma \left(1 + \frac{(x-\mu)^2}{\sigma^2}\right)} \quad (-\infty < x < \infty)$$
> を持つ．$\mu = 0, \sigma = 1$ としたコーシー分布 $\mathcal{C}(0, 1)$ に注目しよう．累積分布関数は，
> $$F(x) = \int_{-\infty}^{x} \frac{1}{\pi(1+y^2)} \mathrm{d}y$$
> となる．変数変換 $y = \tan\theta$ を施すと
> $$\mathrm{d}y = \frac{1}{\cos^2\theta} \mathrm{d}\theta$$
> だから
> $$F(x) = \pi^{-1} \int_{-\pi/2}^{\arctan x} \mathrm{d}\theta = \pi^{-1} \arctan x + \frac{1}{2}$$
> を得る．ただし，$\arctan x$ は正接関数 $\tan x$ の逆関数である．したがって
> $$F^{-1}(u) = \tan\left(\pi\, u - \frac{\pi}{2}\right).$$
> 一様乱数 U を用いて，
> $$X = \tan(\pi\, U - \pi/2)$$
> でコーシー乱数を生成できる．なお，正接関数は図 2.5 のように周期 π の関数だから，任意の整数 k と任意の実数 c に対し
> $$X = \tan(k\, \pi\, U + c)$$
> としてもコーシー分布が生成できる．とくに $X = \tan(2\pi U)$ でも生成される．

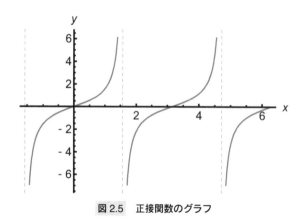

図 2.5 正接関数のグラフ

コーシー分布は上述のように三角関数を使った逆変換法で生成できた．実はコーシー分布は，独立な二つの標準正規乱数 X_1, X_2 の比

$$\frac{X_2}{X_1} \tag{2.2}$$

の分布と等しい．逆変換法，rnorm による二つの標準正規乱数を用いた (2.2) の方法と，組み込み関数の三種類の計算時間を比較しよう．

リスト 2.7　コーシー乱数の生成法

```
> n <- 1e5
> microbenchmark(A <- tan(pi*runif(n)-pi/2), times = 100)
Unit: milliseconds
                       expr min lq mean median uq max neval
 A <- tan(pi * runif(n) - pi/2) 4.161006 4.235997 4.297553 4.287218 4.361846 4.494907 100
> microbenchmark(B <- rnorm(n)/rnorm(n), times = 100)
Unit: milliseconds
                 expr min lq mean median uq max neval
 B <- rnorm(n)/rnorm(n) 8.95317 9.129097 9.441883 9.287447 9.403174 26.24221 100
> microbenchmark(C <- rcauchy(n), times = 100)
Unit: milliseconds
          expr min lq mean median uq max neval
 C <- rcauchy(n) 5.168717 5.264138 5.404632 5.409307 5.506204 5.756591 100
```

　ここでは組み込み関数より逆変換法が速い．また (2.2) の方法は，ほかの二つに比べ計算コストが高い．前述のように，同じ乱数を生成するにも計算コストの違いが著しいこともしばしばである．乱数

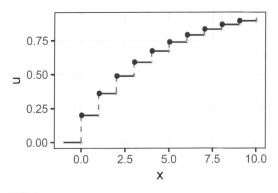

図 2.6 パラメータ $p = 0.2$ の幾何分布の累積分布関数.

を用いる上では計算コストに常に気をつける必要がある．一方で，計算時間の比較はプラットフォームに依存する．一つの計算環境の結果からアルゴリズムの普遍的な良し悪しに言及するのは危険である．

2.2.2 離散の確率分布の生成

上述の逆変換法では，累積分布関数 F の逆関数 F^{-1} が存在することを仮定した．しかし離散の確率分布は逆関数を持たない．たとえば**幾何分布 (Geometric distribution)** $\mathcal{G}e(p)$ はパラメータ $0 < p < 1$ に対し，確率関数

$$q(n) = p(1-p)^n \ (n = 0, 1, \ldots)$$

を持つ．累積分布関数は，等比級数の和の公式から

$$F(n) = \sum_{m=0}^{n} q(m) = \sum_{m=0}^{n} p(1-p)^m = 1 - (1-p)^{n+1} \ (n = 0, 1, \ldots)$$

となる．非負の整数 n に対し，任意の $n \le x < n+1$ なる実数 x は

$$F(x) = F(n) = 1 - (1-p)^{n+1}$$

を満たす．だから，異なる x に対して同じ F の値を持つ．すなわち一対一の写像ではないから，逆関数は存在しない．ここで，x に対して $n \le x < n+1$ なる n とは，x の整数部分のことである．だから x の整数部分を $[x]$ と書くことにすると，累積分布関数はまとめて，

$$F(x) = \begin{cases} 1 - (1-p)^{[x+1]} & \text{if } x \ge 0 \\ 0 & \text{if } x < 0 \end{cases}$$

で与えられる．関数 F が一対一の写像ではないことは，図 2.6 からもわかる．

逆変換法は，しかしこの場合にも使うことができる．一般の離散の確率分布 P を考えよう．幾何分布の確率関数は $0, 1, 2, \ldots$ に値を取ったが，確率分布 P の確率関数 $p(x)$ はより一般に，実数 $x_1 < x_2 < \ldots$ に値を取るとしよう．便宜的に $x_0 = -\infty$ とする．すると，累積分布関数 $F(x)$ は

$$F(x_n) = p(x_1) + \cdots + p(x_n) \ (n = 1, 2, \ldots)$$

および $F(x_0) = 0$ となる．次の手続きを，離散分布に対する逆変換法と呼ぶことにしよう．一様乱数 U に対して

$$F(x_{n-1}) < U \le F(x_n) \implies X = x_n$$

によって X を定める．すると，

$$\mathbb{P}(X = x_n) = \mathbb{P}(F(x_{n-1}) < U \le F(x_n)) = F(x_n) - F(x_{n-1}) = p(x_n)$$

となり，X が P に従うことが確かめられる．

例 2.3 幾何分布 $\mathcal{G}e(p)$ を生成しよう．幾何分布の累積分布関数から，一様乱数 U に対し，

$$1 - (1-p)^x < U \le 1 - (1-p)^{x+1} \implies X = x$$

とする．すなわち，X は $1 - (1-p)^x < U$ を満たす最大の整数 x である．したがって

$$X = [\log(1-U)/\log(1-p)]$$

と書ける．若干整理して，$[\log U/\log(1-p)]$ によっても幾何分布が生成できる．

注 厳密には $\lceil \log(1-U)/\log(1-p) - 1 \rceil$ とすべきである．ただし，$\lceil x \rceil$ は x 未満ではない最小の整数を表す．乱数の生成では $[x]$ と $\lceil x-1 \rceil$ の差はない．

◀ リスト 2.8　幾何乱数の生成法 ▶

```
> p <- 0.2
> n <- 3
> as.integer(log(runif(n))/log(1-p))
[1] 9 5 4
> rgeom(n,prob=p)
[1] 15 5 12
>
> n <- 1e5
> microbenchmark(A <- as.integer(log(runif(n))/log(1-p)), times = 100)
Unit: milliseconds
                            expr min lq mean median
 A <- as.integer(log(runif(n))/log(1 - p)) 4.793562 5.226354 7.360061 6.080637
     uq max neval
 7.123382 80.86398 100
> microbenchmark(B <- rgeom(n,prob=p), times = 100)
Unit: milliseconds
                  expr min lq mean median uq max
```

```
18   B <- rgeom(n, prob = p) 12.40153 12.71979 13.14662 12.85063 13.32923 16.1133
19   neval
20     100
```

　関数 `as.integer` は実数の整数部分を取り出す．関数 `rgeom` が，幾何乱数生成の組み込み関数である．ここでも組み込み関数は逆変換法より非効率だ．

例 2.4　ポアソン分布 $\mathcal{P}(\lambda)$ を生成しよう．幾何分布と同じく，一様乱数 U および $n = 0, 1, \ldots$ に対し

$$F(n-1) < U \leq F(n) \implies X = n \tag{2.3}$$

とすれば良い．ただし，形式的に $F(-1) = 0$ とする．ここで幾何分布と異なり，累積分布関数は和

$$F(n) = \sum_{m=0}^{n} \frac{\lambda^m}{m!} e^{-\lambda}$$

の形でしか書けないことに注意しよう．だから，U に対して (2.3) を満たす n を簡単に導出できない．そこで逐次的な条件分岐が必要になる．$x = 0, X = x$ として，

$$U > F(x) \implies x \leftarrow x + 1$$

なる `while` 文を繰り返せばいい．そして $U \leq F(x)$ となったときに `while` 文の繰り返しから抜け出し，$X = x$ を出力する．計算量を小さくするため少々工夫すると次のように実装できる．

◀ リスト 2.9　R 言語のポアソン乱数の説明 ▶

```
1    > lambda <- 2
2    >
3    > rpoisf <- function(n,lambda){
4    + c <- exp(-lambda)
5    + res <- numeric(n)
6    +
7    + for(i in 1:n){
8    + x <- 0
9    + q <- c
10   + F <- c
11   + u <- runif(1)
12   +
```

```
13   + while(u > F){
14   + x <- x + 1
15   + F <- F + q * lambda/x
16   + }
17   + res[i] <- x
18   + }
19   + return(res)
20   + }
21   >
22   > n <- 100
23   > microbenchmark(A <- rpoisf(n,lambda), times = 100)
24   Unit: microseconds
25                    expr min lq mean median uq max neval
26    A <- rpoisf(n, lambda) 173.049 183.378 382.2628 187.4145 195.9405 9219.246 100
27   > microbenchmark(B <- rpois(n,lambda), times = 100)
28   Unit: microseconds
29                    expr min lq mean median uq max neval
30    B <- rpois(n, lambda) 7.01 7.5 10.84586 9.0165 10.342 102.571 100
```

while 文を使うせいか，上で定義した関数 rpoisf は R 言語の組み込み関数 rpois よりも 20 倍程度遅い．関数 rpoisf の出力を X とすると，while 文での条件式 $U > F(x)$ の分岐をおこなった回数は $X+1$ 回である．だから，分岐回数はしばしば非常に大きくなりうる．平均的には $\mathbb{E}[X+1] = \lambda+1$ 回の分岐をおこなうことになる．

▶ 2.2.3 近似累積分布関数による乱数生成

逆変換法の有用性は逆関数の計算しやすさで決まる．逆関数の計算コストが高い場合，逆関数を近似で置き換える方法はしばしば有効である．関数 rnorm も，Wichura (1988) による近似された逆関数 (qnorm) を使った逆変換法を採用している．詳細は指示 ?qnorm で確認できる．実際に関数 runif の出力の奇数番目の要素を関数 qnorm の引数に取ると，関数 rnorm の出力とおおよそ一致した．正確には二つの一様擬似乱数から一つの正規乱数を生成しているので，小数点以下 10 桁位を見ると両者の差を見ることができる．

◀ リスト 2.10 R 言語の正規乱数の説明 ▶

```
1   > ?qnorm
2   ...
3   For qnorm, the code is a C translation of
4
```

```
 5    Wichura, M. J. (1988) Algorithm AS 241: The percentage points of the normal distribution.
          Applied Statistics, 37, 477?484.

 6

 7    which provides precise results up to about 16 digits.

 8    ...

 9    > ?Random

10    ...

11    normal.kind can be "Kinderman-Ramage", "Buggy Kinderman-Ramage" (not for set.seed), "
          Ahrens-Dieter", "Box-Muller", "Inversion" (the default), or "user-supplied". (For
          inversion, see the reference in qnorm.)

12    ...

13    > set.seed(1)

14    > m <- 3

15    > set.seed(1)

16    > rnorm( m )

17    [1] -0.6264538 0.1836433 -0.8356286

18    > set.seed(1)

19    > qnorm( c( runif(2*m)[ seq(from = 1, to = 2*m - 1, by = 2) ] ) )

20    [1] -0.6264538 0.1836433 -0.8356286
```

➤ 2.3 変数変換法

既存の乱数を，変数変換して新たな乱数生成を得る方法を，変数変換法という．逆変換法も変数変換法の一つである．一次元に限定された逆変換法と違い，変数変換法は一般の次元に適用できる．代表的な変数変換法をいくつか紹介する．

◉ 2.3.1 ガンマ，ベータ分布の生成

ガンマ分布を解析するには積率母関数が便利である．すでに見たようにガンマ分布 $\mathcal{G}(\nu, \alpha)$ の確率密度関数は

$$p(x; \nu, \alpha) = \frac{\alpha^\nu}{\Gamma(\nu)} x^{\nu-1} \exp(-\alpha x)$$

だった．指数分布 $\mathcal{E}(\alpha)$ はガンマ分布 $\mathcal{G}(1, \alpha)$ のことだから，ガンマ分布の性質を調べれば指数分布についてもわかる．また，正の実数 ν に対し，$\mathcal{G}(\nu/2, 1/2)$ は自由度 ν の**カイ二乗分布** (Chi-squared distribution) χ_ν^2 である．

定理2.1

ν, α は正の実数．ガンマ分布 $\mathcal{G}(\nu, \alpha)$ の積率母関数は

$$\varphi(u) = \frac{\alpha^\nu}{\Gamma(\nu)}\Gamma(\nu)(\alpha - u)^{-\nu} = (1 - u\alpha^{-1})^{-\nu} \ (u < \alpha)$$

である．ただし，$u \geq \alpha$ では定義されない．

証明 ガンマ分布 $\mathcal{G}(\nu, \alpha)$ の積率母関数 $\varphi(u)$ は $u < \alpha$ のときだけ定義される．確率密度関数の定義から

$$\begin{aligned}
\varphi(u) &= \int_0^\infty \exp(ux)p(x; \nu, \alpha)\mathrm{d}x \\
&= \int_0^\infty \exp(ux)\left\{\frac{\alpha^\nu}{\Gamma(\nu)}x^{\nu-1}\exp(-\alpha x)\right\}\mathrm{d}x \\
&= \frac{\alpha^\nu}{\Gamma(\nu)}\int_0^\infty x^{\nu-1}\exp(-(\alpha - u)x)\mathrm{d}x.
\end{aligned}$$

式 (1.7) より積分の値がわかるから

$$\varphi(u) = \frac{\alpha^\nu}{\Gamma(\nu)}\Gamma(\nu)(\alpha - u)^{-\nu} = (1 - u\alpha^{-1})^{-\nu}$$

となる． ∎

定理 2.2

α は正の実数，N は正の整数とする．$X_1, \ldots, X_N$ は指数分布 $\mathcal{E}(1)$ に従い独立とする．このとき

$$Y = \alpha^{-1}\sum_{n=1}^N X_n$$

はガンマ分布 $\mathcal{G}(N, \alpha)$ に従う．とくに，$\alpha = 1/2$ とすれば，Y は自由度 $2N$ のカイ二乗分布 χ_{2N}^2 に従う．

証明 この事実の確認には，確率変数 Y の従う分布の積率母関数を調べれば良い．それがガンマ分布 $\mathcal{G}(N, \alpha)$ の積率母関数であれば主張が示せたことになる．ここで，一般に，確率変数 X の従う分布の積率母関数は

$$\varphi(u) = \mathbb{E}[\exp(uX)]$$

で与えられる．したがって，Y の従う分布の積率母関数は

$$\begin{aligned}
\varphi(u) &= \mathbb{E}[\exp(uY)] \\
&= \mathbb{E}\left[\exp\left(u\alpha^{-1}\sum_{n=1}^N X_n\right)\right] \\
&= \mathbb{E}\left[\exp\left(u\alpha^{-1}X_1\right) \times \cdots \times \exp\left(u\alpha^{-1}X_N\right)\right] \\
&= \mathbb{E}\left[\exp\left(u\alpha^{-1}X_1\right)\right] \times \cdots \times \mathbb{E}\left[\exp\left(u\alpha^{-1}X_N\right)\right]
\end{aligned}$$

となる．ここで $X_1, \ldots, X_N$ が独立なことを用いた．$\mathcal{E}(1) = \mathcal{G}(1,1)$ の積率母関数は $(1-t)^{-1}$ $(t < 1)$ で与えられる．したがって，

$$\varphi(u) = \overbrace{(1-u\alpha^{-1})^{-1} \times \cdots \times (1-u\alpha^{-1})^{-1}}^{N} = (1-u\alpha^{-1})^{-N}$$

となり，ガンマ分布 $\mathcal{G}(N,\alpha)$ の積率母関数と一致する． ∎

定理 2.3

正の実数 p, q, α に対し，X, Y は独立でそれぞれ $\mathcal{G}(p,\alpha), \mathcal{G}(q,\alpha)$ に従うとする．このとき

$$Z = \frac{X}{X+Y}$$

はベータ分布 $\mathcal{B}e(p,q)$ に従う．

証明 ベータ分布は，累積分布関数も積率母関数も，積分を含んだ形でしか表現できない．したがって，Z の従う確率分布がベータ分布に従うことを示すには，Z の従う分布の確率密度関数を導出するのが良い．累積分布関数は

$$\mathbb{P}(Z \le z) = \mathbb{P}\left(\frac{X}{X+Y} \le z\right)$$
$$= \int_0^\infty \int_0^\infty 1_{\{\frac{x}{x+y} \le z\}} \frac{\alpha^p x^{p-1} e^{-\alpha x}}{\Gamma(p)} \frac{\alpha^q y^{q-1} e^{-\alpha y}}{\Gamma(q)} \mathrm{d}x\mathrm{d}y$$

このとき，$s = x+y, t = x/(x+y)$ と変数変換を考える．すなわち $x = st, y = s(1-t)$ である．この変換のヤコビ行列式[1] を計算すると，

$$\det\begin{pmatrix} \frac{\mathrm{d}x}{\mathrm{d}s} & \frac{\mathrm{d}x}{\mathrm{d}t} \\ \frac{\mathrm{d}y}{\mathrm{d}s} & \frac{\mathrm{d}y}{\mathrm{d}t} \end{pmatrix} = \det\begin{pmatrix} t & s \\ 1-t & -s \end{pmatrix} = -s$$

を得る．したがって $(x,y) = (st, s(1-t))$ とする置換積分により，

$$\mathbb{P}(Z \le z) = \int_0^z \frac{t^{p-1}(1-t)^{q-1}}{\Gamma(p)\Gamma(q)} \mathrm{d}t \int_0^\infty \alpha^{p+q} s^{p+q-1} e^{-\alpha s} \mathrm{d}s$$

となる．右辺の二番目の積分は (1.7) より $\Gamma(p+q)$ になる．すると，ガンマ関数とベータ関数の性質 (1.3) より，

$$\mathbb{P}(Z \le z) = \int_0^z \frac{t^{p-1}(1-t)^{q-1}}{B(p,q)} \mathrm{d}t$$

となり，これはベータ分布 $\mathcal{B}e(p,q)$ の累積分布関数である． ∎

---

[1] 本シリーズ「椎名、姫野、保科 (2019)」の 192 ページ参照．

> **リスト2.11　変数変換法によるベータ分布の生成**

```
1   shape1 <- 2
2   shape2 <- 3
3   rbetar <- function(n, shape1, shape2){
4     x <- apply(-log(matrix(runif(n*shape1),ncol=n)),2,sum)
5     y <- apply(-log(matrix(runif(n*shape2),ncol=n)),2,sum)
6     x/(x+y)
7   }
8   rbetar(3,shape1,shape2)
```

2.3.2　正規分布と関連した分布の生成

> **定理 2.4**
>
> U_1, U_2 は独立で $\mathcal{U}[0,1]$ に従う．このとき，
> $$(X_1, X_2) = \left(\sqrt{-2\log U_1}\ \cos(2\pi U_2),\ \sqrt{-2\log U_1}\ \sin(2\pi U_2) \right)$$
> は二次元の標準正規分布に従う．

証明　二次元の標準正規分布 (X_1, X_2) を極座標表示しよう．すると

$$X_1 = r\cos\theta,\ X_2 = r\sin\theta$$

となる．このとき，$r^2 = X_1^2 + X_2^2$ は自由度 2 のカイ二乗分布 χ_2^2 に従うことが知られているし，θ は $\mathcal{U}[0, 2\pi]$ に従いそれらは独立である．だから，逆にカイ二乗分布 χ_2^2 と $\mathcal{U}[0, 2\pi]$ に従う独立な二つの確率変数があれば，二つの独立な標準正規乱数が生成できる．ここで，$-\log U_1$ は $\mathcal{E}(1)$ に従うから，命題 2.2 から，$-2\log U_1$ は自由度 2 のカイ二乗分布 χ_2^2 に従うし，$2\pi U_2$ は $\mathcal{U}[0, 2\pi]$ に従う．だから，$-2\log U_1$ と $2\pi U_2$ の従う分布はそれぞれ r^2, θ の従う分布と等しくなり，与えられた式で標準正規分布が生成できる．　■

　　注　上の証明の議論は直感的である．厳密に示すには，r^2 と θ の独立性を示す必要がある．その証明はそんなに容易ではない．きちんとした証明をするのであれば，上の証明のようではなく，定理 2.3 のように，変数変換を用いた証明のほうがやりやすい．

この正規乱数生成法を**ボックス・ミュラー (Box–Muller) 法**という．

リスト 2.12　標準正規乱数の生成法

```
> n <- 1e5
> RNGkind(normal.kind = 'default')
> microbenchmark(A <- rnorm(n), times = 100)
Unit: milliseconds
        expr min lq mean median uq max neval
 A <- rnorm(n) 6.062658 6.167775 6.321008 6.28385 6.44601 6.776358 100
> RNGkind(normal.kind = 'Box-Muller')
> microbenchmark(B <- rnorm(n), times = 100)
Unit: milliseconds
          expr min lq mean median uq max neval
 B <- rnorm(n) 4.303578 4.354637 4.42434 4.404217 4.498007 4.670358 100
```

　ボックス・ミュラー法は組み込み関数でも実装されている．ボックス・ミュラー法と，関数 `rnorm` の初期設定である逆変換法を比べよう．リスト 2.12 にあるように，著者の計算環境ではボックス・ミュラー法の計算効率が良い．ボックス・ミュラー法を組み込み関数で生成する場合は，`RNGkind` の `normal.kind` の設定を変更すれば良い．

　標準正規乱数から様々な乱数が生成できる．なぜなら確率分布の多くは標準正規分布を用いて定義されているからだ．まず，任意の正規分布 $\mathcal{N}(\mu, \sigma^2)$ の乱数の生成をおこなおう．そのために積率母関数を計算する．

定理 2.5

　μ は実数，σ は正の実数．正規分布 $\mathcal{N}(\mu, \sigma^2)$ の積率母関数は

$$\varphi(u) = \exp\left(\mu u + \frac{\sigma^2 u^2}{2}\right) \tag{2.4}$$

である．

証明　確率密度関数の定義から

$$\varphi(u) = \int_{-\infty}^{\infty} \exp(ux)\left\{\frac{1}{\sqrt{2\pi\sigma^2}}\exp\left(-\frac{(x-\mu)^2}{2\sigma^2}\right)\right\}\mathrm{d}x$$

$$= \int_{-\infty}^{\infty} \frac{1}{\sqrt{2\pi\sigma^2}}\exp\left(-\frac{(x-\mu)^2}{2\sigma^2} + ux\right)\mathrm{d}x$$

となる．指数関数の中身を平方完成すると

$$-\frac{(x-\mu-\sigma^2 u)^2}{2\sigma^2} + \mu u + \frac{\sigma^2 u^2}{2}$$

となる．だから式 (1.6) より

$$\varphi(u) = \exp\left(\mu u + \frac{\sigma^2 u^2}{2}\right) \int_{-\infty}^{\infty} \frac{1}{\sqrt{2\pi\sigma^2}} \exp\left(-\frac{(x - \mu - \sigma^2 u)^2}{2\sigma^2}\right) \mathrm{d}x$$

$$= \exp\left(\mu u + \frac{\sigma^2 u^2}{2}\right).$$

■

　上の定理から，$x \sim \mathcal{N}(0,1)$ であるとき，$\mu + \sigma x$ の従う分布の積率母関数と $\mathcal{N}(\mu, \sigma^2)$ の積率母関数は等しい．なぜなら，標準正規分布の積率母関数を $\varphi(u) = \exp(u^2/2)$ と書くと，$\mu + \sigma x$ の従う分布の積率母関数は，

$$\varphi(u; \mu, \sigma) = \mathbb{E}[\exp(u(\mu + \sigma x))]$$

$$= \mathbb{E}[\exp(u\mu)\ \exp(u\sigma x)]$$

$$= \exp(u\mu)\mathbb{E}[\exp(u\sigma x)]$$

$$= \exp(u\mu)\varphi(\sigma u)$$

$$= \exp(u\mu)\ \exp(\sigma^2 u^2/2)$$

だから (2.4) と一致するからだ．まとめると

$$x \sim \mathcal{N}(0,1) \implies \mu + \sigma x \sim \mathcal{N}(\mu, \sigma^2)$$

である．すなわち，標準正規乱数 x から $\mu + \sigma x$ によって $\mathcal{N}(\mu, \sigma^2)$ の正規乱数ができる．

　多次元の場合も同じ議論ができる．長さ d のベクトル μ と，$d \times d$ の分散共分散行列 Σ を持つ多次元正規分布 $\mathcal{N}(\mu, \Sigma)$ の生成をするときは，まず，

$$UU^T = \Sigma$$

となる $d \times d$ 行列 U を見つけ出す．ただし，U^T は行列 U の転置行列をあらわす．一方，$x_1, x_2, \ldots, x_d$ がそれぞれ長さ 1 の標準正規乱数なら，それらをつなげてできた長さ d の縦ベクトル $x = (x_1, \ldots, x_d)$ は d 次元の標準正規乱数である．だから多次元分布の積率母関数を計算すれば，$\mu + Ux$ は $\mathcal{N}(\mu, \Sigma)$ の乱数になることがわかる．

　標準正規乱数から生成できる確率分布は，正規分布に限らない．すでに式 (2.2) で見たが，コーシー乱数は次で生成できる．

定理 2.6

　X_1, X_2 は独立な標準正規乱数とする．このとき

$$X_2/X_1$$

はコーシー分布 $\mathcal{C}(0,1)$ に従う.

証明 X_1, X_2 をボックス・ミュラー法で生成したと思えば,独立な一様乱数 $U_1, U_2 \sim \mathcal{U}[0,1]$ から

$$X_1 = \sqrt{-2\log U_1}\,\cos(2\pi U_2),\; X_2 = \sqrt{-2\log U_1}\,\sin(2\pi U_2)$$

と表現される.したがって,

$$\frac{X_2}{X_1} = \tan(2\pi U_2)$$

である.これは例 2.2 よりコーシー分布に従う. ∎

定理 2.7

正の実数 ν,標準正規乱数 X,自由度 ν のカイ二乗乱数 Y に対し,

$$Z = X/\sqrt{Y/\nu}$$

は $\mathcal{T}_\nu(0,1)$ に従う.

証明 Z の従う確率分布を (Z,Y) の結合分布の周辺分布として捉えよう.乱数 Y で条件づけると,Z は $\mathcal{N}(0, (Y/\nu)^{-1})$ に従う.だから,Y の条件のもと,Z の従う分布の確率密度関数は

$$p(z|y) = \sqrt{\frac{y}{2\pi\nu}} \exp\left(-\frac{y\,z^2}{2\nu}\right)$$

となる.すると Z の従う分布の密度関数は

$$p(z) = \int_0^\infty p(z|y)p(y)\mathrm{d}y = \int_0^\infty \sqrt{\frac{y}{2\pi\nu}} \exp\left(-\frac{y\,z^2}{2\nu}\right) \frac{y^{\nu/2-1}2^{-\nu/2}}{\Gamma(\nu/2)} \exp\left(-\frac{y}{2}\right)\mathrm{d}y$$

となる.これが自由度 ν の t 分布 $\mathcal{T}_\nu(0,1)$ の確率密度関数であることを示せば良い.被積分関数をまとめるとガンマ関数 $\mathcal{G}(\nu, \alpha)$ の形が出てきて,式 (1.7) より

$$p(z) \propto \int_0^\infty y^{(\nu+1)/2-1} \exp\left(-\left(1+\frac{z^2}{\nu}\right)\frac{y}{2}\right)\mathrm{d}y \propto \left(1+\frac{z^2}{\nu}\right)^{-(\nu+1)/2}$$

となる.これは自由度 ν の t 分布の確率密度関数の形である.よって Z は自由度 ν の t 分布 $\mathcal{T}_\nu(0,1)$ に従う. ∎

上の定理を別の書き方をするなら,

$$Z|Y \sim \mathcal{N}(0, (Y/\nu)^{-1}),\; Y \sim \chi_\nu^2 \implies Z \sim \mathcal{T}_\nu(0,1)$$

となる.

➤ **2.4 棄却法**

今まで紹介した逆変換法や変数変換法では，もとになる乱数を（一回）変換して，作りたい分布 P を生み出した．これから紹介する棄却法では，もとになる乱数を，潜在的には無限個用意する．そこから P を作り出す．確率分布 P が定義されている空間を**状態空間** (State space) という．状態空間 E 上に定義された，興味のある分布 P と，同じ状態空間に定義された確率分布 Q はそれぞれ確率密度関数 $p(x), q(x)$ を持ち，

$$r(x) = \frac{p(x)}{q(x)} \leq R \ (x \in E)$$

となる $R > 0$ が存在するとする．**棄却法** (Rejection sampling) は次の方法で Q に従う乱数から P に従う乱数を作り出す．しばしば分布 Q を**提案分布** (Proposal distribution) という．

(a) $Y \sim Q, U \sim \mathcal{U}[0,1]$ を独立に生成する．

(b) もし

$$U \leq R^{-1} r(Y)$$

であれば $X = Y$ として終了する．そうでなければ (a) に戻る．

この手続きでわかるように，$R > 0$ の値（より正確には $R^{-1}r(x)$ の値）を知らなければ，棄却法を使うことはできない．R の選び方は自由度がある．あとで，$R > 0$ はなるべく小さく取ったほうが良いことを紹介する．次の定理では，上のアルゴリズムで得られた確率変数 X が P に従うことを示す．簡単のため一次元の乱数に限定するが，一般の次元で成り立つ．

> **定理 2.8**
>
> $m = 1, 2, \dots$ について，Y_m は Q からの，U_m は一様分布からの乱数で，すべて独立とする．初めて $U_m \leq R^{-1} r(Y_m)$ となった $m \in \mathbb{N}$ を τ と書く．すると $X = Y_\tau$ と置くと，X は P に従う．さらに，$\mathbb{E}[\tau] = R$．

証明 まず，Y は Q に従う乱数，U は一様乱数とする．このとき，τ は，当選確率

$$\theta = \mathbb{P}(U \leq R^{-1} r(Y))$$

のくじの，当たるまでの回数である．したがって τ はパラメータ θ の幾何分布に従い，幾何分布の性質から平均 $\mathbb{E}[\tau] = \theta^{-1}$ である．次に，θ を計算で求めよう．U は一様乱数だから，任意の y に対し，

$$\mathbb{P}(U \leq R^{-1} r(y)) = R^{-1} r(y) \tag{2.5}$$

となる．ここでは y は定数としたが，θ の計算の際は y が定数ではなく Q に従う乱数である．したがって，θ は確率 (2.5) の Q での期待値になり，

$$\theta = R^{-1} \int_{-\infty}^{\infty} r(y)q(y)\mathrm{d}y = R^{-1} \int_{-\infty}^{\infty} p(y)\mathrm{d}y = R^{-1}$$

となる．ただし，$r(x)q(x) = p(x)$ なる性質を用いた．したがって，$\mathbb{E}[\tau] = \theta^{-1} = R$ がわかる．

一方，X の従う確率分布は $U \leq R^{-1}r(Y)$ の条件での Y の従う確率分布だから，累積分布関数は

$$\mathbb{P}(X \leq x) = \mathbb{P}(Y \leq x | U \leq R^{-1}r(Y)) = \frac{\mathbb{P}(Y \leq x, U \leq R^{-1}r(Y))}{\mathbb{P}(U \leq R^{-1}r(Y))}$$

である．すでに右辺の分母は R^{-1} であることがわかっている．分子を計算しよう．U は一様乱数であり，条件 $y \leq x$ に注意すると，任意の y に対し，

$$\mathbb{P}(y \leq x, U \leq R^{-1}r(y)) = \begin{cases} R^{-1}r(y) & \text{if } y \leq x \\ 0 & \text{if } y > x \end{cases}$$

となる．したがって，P の累積分布関数を F と書くと，

$$\mathbb{P}(Y \leq x, U \leq R^{-1}r(Y)) = R^{-1} \int_{-\infty}^{x} r(y)q(y)\mathrm{d}y = R^{-1} \int_{-\infty}^{x} p(y)\mathrm{d}y = R^{-1}F(x)$$

となる．よって $\mathbb{P}(X \leq x) = F(x)$ となり，X が P に従うことがわかる． ∎

上の定理より，P に従う乱数を一回生成するのに必要な Q の乱数の個数 τ の期待値は $\mathbb{E}[\tau] = R$ である．だから，計算効率的には，期待繰り返し回数 R が小さければ小さいほど良い．よって，

$$R = \sup_{x \in E} \frac{p(x)}{q(x)} \tag{2.6}$$

とすると理論上は最も良い．

例 2.5 パラメータ $\alpha, \beta \geq 1$ のベータ分布 $\mathcal{B}e(\alpha, \beta)$ の確率密度関数 $p(x|\alpha, \beta)$ は

$$p(x|\alpha, \beta) = \frac{x^{\alpha-1}(1-x)^{\beta-1}}{B(\alpha, \beta)}.$$

分子の対数を取ると

$$(\alpha - 1)\log x + (\beta - 1)\log(1 - x)$$

である．これを x で微分すると，$x^* = (\alpha - 1)/(\alpha + \beta - 2)$ でのみ極値を取り，この点で最大値をとることがわかる．だから，

$$p(x|\alpha, \beta) \leq p(x^*|\alpha, \beta) = \left(\frac{\alpha - 1}{\alpha + \beta - 2}\right)^{\alpha-1} \left(\frac{\beta - 1}{\alpha + \beta - 2}\right)^{\beta-1} \frac{1}{B(\alpha, \beta)} =: R$$

となる．ここで Y, U を一様乱数とすると，$Q = \mathcal{U}[0,1]$ すなわち $q(y) = 1$ ということであって，$r(y) = p(y|\alpha, \beta)$ となる．すると，

$$U \leq R^{-1} p(Y|\alpha, \beta)$$

のときに $X = Y$ として終了するアルゴリズムを考えれば，得られた乱数は $\mathcal{B}e(\alpha, \beta)$ に従う．確率密度関数の形を見ればわかるように，α, β がわずかでも 1 を下回ると，x の係数もしくは $1 - x$ の係数が負になる．したがって，その場合，確率密度関数が非有界，すなわち $R = +\infty$ となる．だから，$\alpha < 1$ か $\beta < 1$ であれば，一様分布を提案分布として用いた棄却法は使えないことに注意する．

◀ リスト 2.13　棄却法によるベータ乱数の生成 ▶

```
1   alpha <- 2.5
2   beta <- 3
3
4   R <- ( (alpha - 1)/(alpha + beta - 2) ) ^ (alpha-1) * ( (beta - 1)/(alpha + beta - 2) ) ^
        (beta-1) /beta(alpha,beta)
5
6   rbetar <- function(n){
7     z <- numeric(n)
8     for(i in 1:n){
9       u <- runif(1); y <- runif(1);
10      while(R* u > dbeta(y,shape1=alpha,shape2=beta)){
11        u <- runif(1); y <- runif(1);
12      }
13      z[i] <- y
14    }
15    return(z)
16  }
17  rbetar(3)
```

　棄却法を用いたベータ乱数は図 2.7 を見る限り正しく生成できている．しかし組み込み関数の 100 倍近くの時間がかかる．この非効率性は棄却され，無駄になる乱数の影響よりも，R 言語の for 文による非効率性から来るものと思われる．分子と分母で同じベータ関数を二重に計算している点も非効率である．

　一方，棄却法としての効率は期待繰り返し回数 R の大きさで決まり，R は α, β で決まる．図 2.8 では，期待繰り返し回数 R が α, β でどのように変わるかを描画した．描画の色のついている範囲では期待繰り返し回数 R はたかだか 5 である．

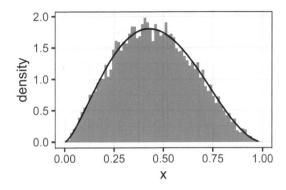

図 2.7　棄却法によって生成されたベータ乱数のヒストグラム．実線はベータ分布 $\mathcal{B}e(2.5, 3)$ の確率密度関数をあらわす．

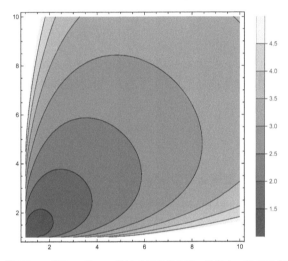

図 2.8　期待繰り返し回数のグラフ．x 軸は α を，y 軸は β をあらわす．各点 (α, β) での色は R の値をあらわす．色が薄いほど R の値が大きいことをあらわす．

例 2.6　標準正規分布 $P = \mathcal{N}(0, 1)$ を確率密度関数

$$q(x; \sigma) = \frac{1}{\pi\sigma(1 + x^2/\sigma^2)}$$

を持つコーシー分布 $\mathcal{C}(0, \sigma)$ から棄却法で生成することを考える．

$$r_\sigma(x) = \frac{p(x)}{q(x; \sigma)}$$

とする．対数を取ると，

$$\log r_\sigma(x) = -\frac{x^2}{2} - \frac{1}{2}\log(2\pi) + \log(1 + x^2/\sigma^2) + \log(\pi\sigma)$$

となる．したがって

$$(\log r_\sigma(x))' = -x + \frac{2x/\sigma^2}{1 + x^2/\sigma^2} = x\,\frac{-\sigma^2 - x^2 + 2}{\sigma^2 + x^2}$$

を得る．よって $\sigma^2 \geq 2$ なら $r_\sigma(x)$ は $x = 0$ で最大値

$$R_\sigma := \sup_{-\infty < x < \infty} r_\sigma(x) = \sqrt{\frac{\pi}{2}}\,\sigma \geq \sqrt{\pi}$$

を取る．また，$\sigma^2 < 2$ なら $x^2 = 2 - \sigma^2$ で最大値

$$R_\sigma = \sqrt{2\pi}\sigma^{-1}\exp(-1 + \sigma^2/2)$$

を取る．さらに $\log R_\sigma$ を σ で微分することにより $\sigma = 1$ で R_σ は最小値

$$R_1 = \sqrt{2\pi}\exp(-1/2) \leq \sqrt{\pi}$$

を得る．よって $\sigma = 1$ としたコーシー分布 $\mathcal{C}(0,1)$ を使うのが最も効率の良い棄却法である．逆に，正規分布を使ってコーシー分布を棄却法で作ることはできない．なぜなら $R = +\infty$ となってしまうからである．

リスト 2.14　棄却法による正規乱数の生成

```
R <- sqrt(2*pi)*exp(-1/2)

dnormr <- function(n){
  z <- numeric(n)
  for(i in 1:n){
    u <- runif(1); y <- tan(pi * runif(1));
    while(R* u > dnorm(y)/dcauchy(y)){
      u <- runif(1); y <- tan(pi * runif(1));
    }
    z[i] <- y
  }
  return(z)
}
dnormr(3)
```

例 2.7　1 以上の実数 ν に対し，ガンマ分布 $\mathcal{G}(\nu, 1)$ を生成する．$\nu = 1$ なら指数分布 $\mathcal{E}(1)$ になるから，例 2.1 により，一様乱数 U によって $-\log U$ で生成できる．また，ν が整数なら命題 2.2 のように，一様乱数 $U_1, \ldots, U_\nu$ によって指数分布の和 $-\log U_1 - \cdots - \log U_\nu$ で生成できる．より一般に，$\nu > 1$ に対しては棄却法を使おう．提案分布を $\mathcal{G}([\nu], 1/2)$ とする．確率密度関数の割合は

$$r(x) = \frac{\Gamma(\nu)^{-1} x^{\nu-1} \exp(-x)}{\Gamma([\nu])^{-1} 2^{-[\nu]} x^{[\nu]-1} \exp(-x/2)} = \frac{\Gamma([\nu])}{\Gamma(\nu)} 2^{[\nu]} x^{\nu-[\nu]} e^{-x/2}$$

となる．ただし，ガンマ関数が単調増加関数であることから，$\Gamma([\nu]) \leq \Gamma(\nu)$ を用いた．この割合は $x = 2(\nu - [\nu])$ で最大になる．だから，

$$R = \sup_{x \geq 0} r(x) = \frac{\Gamma([\nu])}{\Gamma(\nu)} 2^{[\nu]} (2(\nu - [\nu]))^{\nu-[\nu]} e^{-(\nu-[\nu])}$$

となる．なお，$\nu < 1$ の場合はこの方法は使えない．

◀ リスト 2.15　棄却法によるガンマ乱数の生成 ▶

```
dgammar <- function(n,nu){
  if(nu==1){
    return(-log(runif(n)))
  }else if(nu == as.integer(nu)){
    return(apply(matrix(-log(runif(n*nu)),ncol=nu),1,sum))
  }else{
    inu <- as.integer(nu)
    R <- 2^(inu)*(2*(nu-inu))^(nu-inu)*exp(-(nu-inu))
    z <- numeric(n)
    for(i in 1:n){
      u <- runif(1); y <- 2*sum(-log(runif(inu)));
      while(R* u > 2^(inu)*y^(nu-inu)*exp(-y/2)){
        u <- runif(1); y <- 2*sum(-log(runif(inu)));
      }
      z[i] <- y
    }
  return(z)
  }
}
nu <- 5.2
dgammar(3,nu)
```

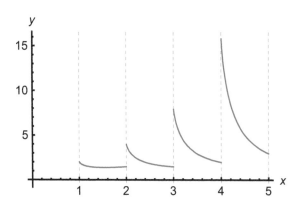

図 2.9　ガンマ乱数生成の期待繰り返し回数のグラフ．x 軸は生成したいガンマ分布 $\Gamma(\nu)$ の ν をあらわす．y 軸は期待繰り返し回数をあらわす．

　図 2.9 は例 2.7 の棄却法の期待繰り返し回数のグラフである．実数 ν が大きいと非効率であること，ν が整数をわずかに超えたところで効率が落ちることがわかる．

　最後に，ベイズ統計学における事後分布の生成をおこなおう．$p(\theta)$ を事前分布の事前密度とし，$p(x|\theta)$ を尤度とする．変数 x の周辺密度関数

$$p(x) = \int_{\Theta} p(x|\theta)p(\theta)\mathrm{d}\theta$$

が与えられている．また，$\hat{\theta}$ を**最尤推定量 (Maximum likelihood estimator)**，すなわち $p(x|\theta)$ を最大にする θ とする．このとき，事前分布を提案分布として事後分布に従う乱数を生成する棄却法を構成したい．

　事後密度関数が

$$p(\theta|x) = \frac{p(x|\theta)p(\theta)}{p(x)}$$

で与えられるから，密度関数の割合が

$$r(\theta) = \frac{p(\theta|x)}{p(\theta)} = \frac{p(x|\theta)}{p(x)}$$

となる．式 (2.6) より，R は関数 $r(\theta)$ の最大値と取るのが最も効率が良い．最大値は最尤推定量のときの尤度と周辺密度関数の割合

$$R = \frac{p(x|\hat{\theta})}{p(x)}$$

である．次の棄却法で事前分布から事後分布を生成できる．

(a) θ を事前分布から，U を $\mathcal{U}[0,1]$ から独立に生成する．

(b) もし

$$U \leq R^{-1}r(\theta)$$

であれば θ を出力する．そうでなければ (a) に戻る．

➤ 第 2 章　練習問題

2.1 R 言語の組み込み関数 runif を用いて，長さ 1,000 の擬似一様乱数 $x_1, x_2, \ldots, x_{1000}$ を生成せよ．また，それらを 1×1 の二次元正方形に配置せよ，すなわち，xy 平面上に，$\{(x_1, x_2), (x_3, x_4), \ldots, (x_{999}, x_{1000})\}$ を描画せよ．

2.2 $a = 13, b = 0, n = 67$ とし，初期値 $y_0 = 1234$ として線形合同法を用いて，長さ 1,000 の擬似一様乱数 $x_1, x_2, \ldots, x_{1000}$ を生成せよ．また，上の問題と同じように，それらを 1×1 の二次元正方形に配置せよ，また，描画された点のうち，異なる点の数を数え上げよ．

2.3 ロジスティック分布 (Logistic distribution) は

$$F(x) = \frac{e^x}{1 + e^x} \ (-\infty < x < \infty)$$

なる累積分布関数を持つ．R 言語の組み込み関数 runif を使って，逆変換法でロジスティック乱数を生成せよ．また，R 言語の組み込み関数 rlogis と計算時間の比較をおこなえ．

2.4 a, b を正の実数とする．パレート分布 (Pareto distribution) の確率密度関数が

$$p(x; a, b) = \frac{ab^a}{x^{a+1}} \ (x \geq b)$$

で与えられるとき，R 言語の組み込み関数 runif を用いて，逆変換法でパレート乱数を生成する方法を記述せよ．

2.5 σ は正の実数とする．レイリー分布 (Rayleigh distribution) の確率密度関数は

$$p(x; \sigma) = \frac{x}{\sigma^2} \exp(-x^2/2\sigma^2) \ (x \geq 0)$$

で与えられる．R 言語の組み込み関数 runif を用いて，逆変換法でレイリー乱数を生成する方法を記述せよ．

2.6 a, b は正の実数とする．ワイブル分布 (Weibull distribution) の確率密度関数が

$$p(x; a, b) = \frac{a}{b^a} x^{a-1} e^{-(x/b)^a} \ (x \geq 0)$$

で与えられる．R 言語の組み込み関数 runif を用いて，逆変換法でワイブル乱数を生成する方法を記述せよ．

2.7 N は正の整数，θ は実数で $0 < \theta < 1$ とする．二項分布 $\mathcal{B}(N, \theta)$ の確率関数は

$$p(n; N, \theta) = \binom{N}{n} \theta^n (1-\theta)^{N-n} \ (n = 0, \ldots, N)$$

で与えられる．R 言語の組み込み関数 runif を用いて，離散分布に対する逆変換法で二項分布

に従う乱数を生成する方法を記述せよ.

2.8 r は正の整数,θ は $0 < \theta < 1$ を満たす実数とする.**負の二項分布** (Negative binomial distribution) は確率関数

$$p(n; r, \theta) = \binom{n + r - 1}{n}(1 - \theta)^r \theta^n \ (n = 0, 1, 2, \ldots) \tag{2.7}$$

を持つ.次の手続きで負の二項乱数が生成できることを示せ.必要があれば例 1.9 を参考にせよ.

◀ リスト 2.16 負の二項分布の生成 ▶

```
1  r <- 10
2  y <- rgamma(1, shape = r, rate = (1-theta)/theta)
3  x <- rpois(1, y)
```

2.9 α は正の実数とする.歪正規分布 (Skew normal distribution) は確率密度関数

$$p(x) = 2\phi(x)\Phi(\alpha x) \ (-\infty < x < \infty)$$

を持つ.ただし $\phi(x), \Phi(x)$ は標準正規分布の確率密度関数および累積分布関数である.次の手続きで歪正規乱数が生成できることを示せ.

◀ リスト 2.17 歪正規分布の生成 ▶

```
1  rho <- alpha ^ 2 / ( 1 + alpha ^2 )
2  w <- rnorm(2)
3  y <- sqrt( rho ) * w[1] + sqrt(1 - rho) * w[2]
4  x <- (y >= 0) * w[1] - (y < 0) * w[1]
```

2.10 λ は正の実数とする.ラプラス分布 (Laplace distribution) は確率密度関数

$$p(x; \lambda) = \frac{\lambda}{2} \exp(-\lambda|x|) \ (-\infty < x < \infty)$$

を持つ確率分布である.両側指数分布を棄却法の提案分布として標準正規乱数を生成することを考える.このとき λ の関数として,式 (2.6) の R を求め,R を最小にする λ を求めよ.

2.11 観測 x は $x|\theta \sim \mathcal{N}(\theta, 1)$ によって生成され,パラメータ θ には事前分布 $\mathcal{C}(0, 1)$ が定められている.$\mathcal{C}(0, 1)$ を提案分布として,事後分布に従う乱数を棄却法を用いて生成せよ.

{ 第 **3** 章 }

積分法

　ベイズ統計学は事前情報と与えられた観測の情報を，事後分布に集約する．一方，事後分布は数値ではなく確率分布だから，統計解析の結果として，それをそのまま解釈することはできない．そのため確率分布を数値へ変換する必要があった．第 1 章でみたように，その変換に使われるのが積分計算である．だからベイズ統計学をおこなうには積分計算を避けて通れない．本章は乱数を用いた積分近似計算法を紹介するのが目的である．第 3.1 節ではまず，乱数を用いない積分近似計算法に少し触れる．第 3.2 節から乱数の導入がはじまる．第 3.3 節ではベイズ統計学で有効な自己正規化モンテカルロ積分法をあつかう．最後に，第 3.4 節では，モンテカルロ積分法で重要な，重点サンプリング法を紹介する．

➤ 3.1 数値積分法

　初等・中等教育で多項式や三角関数の原始関数を学び，それを用いた不定積分の計算を練習したことだろう．多項式や三角関数や，それらのありふれた関数の組み合わせで書ける関数を**初等関数 (Elementary function)** という．初等関数の値は容易に導出することができる．初等関数はその合成も，その微分も初等関数であるから，それらの演算で閉じているという．しかし，その原始関数は一般に，初等関数ではないから，積分演算に関しては閉じていない．たとえば標準正規分布の確率密度関数は初等的関数だが，その積分

$$\int_0^x \frac{1}{\sqrt{2\pi}} \exp\left(-\frac{y^2}{2}\right) \mathrm{d}y$$

は初等関数で書くことができないことが知られる．初等関数ではないと，一般にはその関数の値を導出するのは容易ではない．

　ベイズ統計学で必要となる計算は初等関数の積分演算を含むから，一般に初等関数からはみ出しており，したがって直接値を導出できない．その値を導出するためにはしばしば近似計算が必要である．実は，この積分の近似計算こそが，ベイズ統計学において絶えず中心的な課題なのである．

区間 $[a, b]$ 上の関数 $f(x)$ の積分

$$I = \int_a^b f(x)\,\mathrm{d}x$$

を考える．関数 $f(x)$ の原始関数は初等関数で書けないものとする．関数 $f(x)$ をよく近似する関数 $g(x)$ で，原始関数が初等関数で書けるものを用意する．そして関数 $f(x)$ の積分を関数 $g(x)$ の積分

$$J = \int_a^b g(x)\,\mathrm{d}x$$

で代用すれば，J は I に十分近い値を取り，しかも J の導出は容易である．これが数値積分法の基本的なアイデアである．

　関数 $g(x)$ として多項式を取るのが一般的である．多項式であれば，その原始関数は多項式になる．関数 $f(x)$ に近い多項式の選び方が鍵になる．ここでは，区間 $[a, b]$ のいくつかの点の $f(x)$ の値から，多項式を補間して近似をおこなうことを考えよう．補間した多項式を**補間多項式** (Interpolating polynomial) という．補間多項式は $f(x)$ に十分近く，したがって積分の値も十分近いことが期待される．

　区間 $[a, b]$ の中に N 個の点

$$a = x_1 < x_2 < \cdots < x_N = b$$

を取る．N 個の点では $f(x)$ と $g(x)$ は一致する，すなわち

$$f(x_n) = g(x_n) \ (n = 1, \ldots, N) \tag{3.1}$$

となる多項式を選ぶ．あとで見るように，(3.1) を満たす多項式は必ず存在する．しかし，一意ではないことに注意しよう．一意ではないから，多項式の次数の低いものを選ぶことにしよう．高次の多項式を使うと，補間多項式の振幅が大きくなりがちだ．振幅の大きさは積分近似の数値の不安定さにつながる．補間多項式の構成には**ルジャンドル多項式** (Legendre polynomial) が有用である．ルジャンドル多項式は

$$l_n(x) = \frac{\prod_{m \neq n}(x - x_m)}{\prod_{m \neq n}(x_n - x_m)} \quad (n = 1, \ldots, N) \tag{3.2}$$

で定義される．ただし，式 (3.2) の分子と分母の積は $1 \leq m \leq N$ なる正の整数 m のうち，$m \neq n$ となる m についての積の意味である．具体的にルジャンドル多項式を計算してみよう．

例 3.1　$N = 5$ として $[-1, 1]$ に適当に五つの点 $x_1, \ldots, x_5$ を配置し，$n = 3$ のルジャンドル多項式

$$l_3(x) = \frac{(x - x_1)(x - x_2)(x - x_4)(x - x_5)}{(x_3 - x_1)(x_3 - x_2)(x_3 - x_4)(x_3 - x_5)}$$

を図 3.1 に示した．図からわかるように，$m = 1, 2, 4, 5$ で $l_n(x_m) = 0$ となり，$l_3(x_3) = 1$ となる．

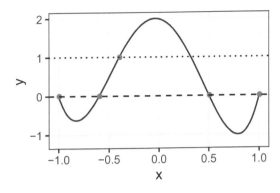

図 3.1　ルジャンドル多項式の例. $x_1 = -1, x_2 = -0.6, x_3 = -0.4, x_4 = 0.5, x_5 = 1, n = 3$ とした.

代数学の基本定理を用いて，ルジャンドル多項式の一意性を示すことができる．代数学の基本定理とは，最高次の係数が 0 ではない N 次多項式 $h(z)$ は，いつも，重複を込めればちょうど N 個の $h(z) = 0$ の解を複素数の範囲に持つという定理である．

定理 3.1

式 (3.2) で定義されるルジャンドル多項式 $l_n(x)$ $(a \le x \le b : n = 1, \dots, N)$ は $N - 1$ 次の多項式で，$l_n(x_n) = 1$ かつ，$l_n(x_m) = 0$ $(m \ne n, 1 \le m \le N)$ となる唯一の多項式である．

証明 式 (3.2) の分母は定数である．分子は $N - 1$ 個の一次多項式の積である．したがって $l_n(x)$ は $N - 1$ 次の多項式である．また，$x = x_n$ を代入すると，分母と分子が等しくなるから $l_n(x_n) = 1$ であるし，$x = x_m$ $(m \ne n)$ を代入すると分子が 0 になるから，$l_n(x_m) = 0$ である．

このような多項式が別にもう一つあるとして矛盾を導こう．その多項式を $\tilde{l}_n$ と書く．すると，$h(x) = l_n(x) - \tilde{l}_n(x)$ は $N - 1$ 次以下の多項式である．ここで $l_n(x)$ と $\tilde{l}_n(x)$ は等しくないと仮定したから，ある $k = 1, \dots, N$ があって，$h(x)$ の k 次の係数は 0 ではない．一方，

$$h(x_1) = h(x_2) = \cdots = h(x_N) = 0$$

である．すなわち，$h(x) = 0$ の解が N 個ある．しかし，代数学の基本定理から，h の k 次の係数が 0 でないなら，$h(x) = 0$ の解は k 個のはずだ．だから矛盾が導けて，結局 $h(x)$ は 0 である必要がある．すなわち，$l_n(x)$ のような多項式はほかにないのである． ∎

ルジャンドル多項式はいくつかの決まった値を取るようにデザインをされている．複数のルジャンドル多項式を組み合わせて，(3.1) を満たす多項式が構成できる．実際，$N - 1$ 次の多項式

$$g(x) = \sum_{n=1}^{N} f(x_n) l_n(x) \tag{3.3}$$

は (3.1) を満たす．この事実は $l_m(x_n) = 0$ $(m \neq n)$, $l_n(x_n) = 1$ から導かれる．また，代数学の基本定理より，(3.1) を満たす唯一の $N-1$ 次以下の多項式である．

さて，このように得られた補間多項式を用いて，積分近似しよう．式 (3.3) で定まる $g(x)$ に対し

$$J = \int_a^b g(x)\mathrm{d}x = \sum_{n=1}^{N} f(x_n)w_n$$

によって積分が計算できる．ただしルジャンドル多項式の積分

$$w_n = \int_a^b l_n(x)\mathrm{d}x$$

は $f(x)$ によらずに決まる定数であり，計算機で求めることができる．煩雑なため，具体的な数値はここでは紹介しない．積分 I の近似のための J の計算式を，**ニュートン・コーツの公式** (Newton–Cotes formulae) という．このように，関数 $f(x)$ の補間多項式の積分で近似する方法を，**補間型数値積分法** (Numerical quadrature based on interpolating functions) という．ニュートン・コーツの公式の最も単純な場合，$N = 2$ の場合を**台形公式** (Trapezoidal rule) という．

> **定理 3.2**
>
> 関数 $f(x)$ $(a \leq x \leq b)$ に対する台形公式は
>
> $$J = \frac{b-a}{2}\left(f(a) + f(b)\right).$$

証明 $N = 2$ の場合，$x_1 = a, x_2 = b$ であって，

$$l_1(x) = \frac{x-b}{a-b}, \quad l_2(x) = \frac{x-a}{b-a}$$

である．簡単な計算から

$$w_1(x) = \int_a^b l_1(x)\mathrm{d}x = \frac{b-a}{2}, \quad w_2(x) = \int_a^b l_2(x)\mathrm{d}x = \frac{b-a}{2}$$

を得る．したがって，台形公式は

$$J = f(a)w_1 + f(b)w_2 = \frac{b-a}{2}\left(f(a) + f(b)\right).$$

となる． ∎

ルジャンドル多項式を用いた方法は，精度を向上するために，高次の多項式を使う，すなわち N を大きく取るのが自然に思えるかもしれない．しかし，そうすると w_n の計算コストが高くつく上，補間

多項式が大きく振動して，積分がうまく近似できないことがある．一方，多項式の次数を大きくせずに精度を高める方法がある．区間 $[a,b]$ を N 等分し，各小区間に対して台形公式を用いる方法である．これを**複合台形公式** (Composite trapezoidal rule) という．N 等分点を $a = x_1 < \ldots < x_N = b$ と置くと，複合台形公式は

$$J = \frac{b-a}{2(N-1)} \sum_{n=2}^{N} (f(x_{n-1}) + f(x_n))$$

となる．実際に簡単な積分に適用してみよう．

例 3.2 複合台形公式を使って，

$$f(x) = \frac{1}{\cos(x)} + \frac{1}{1+x^2} \tag{3.4}$$

の区間 $[0,1]$ での積分

$$I = \int_{-1}^{1} f(x)\mathrm{d}x$$

の近似をおこなう．この積分には解析解があり，

$$I \approx 4.02318$$

である．複合台形公式を $N = 2^k$ $(k = 1, 2, \ldots, 10)$ で適用したものが図 3.2 である．N が小さいと近似誤差が大きいが，N が大きくなると見分けがつかないほど I と J は近い値を取る．図 3.3 では $f(x)$ と，複合台形公式のもとになる多項式近似を図示した．

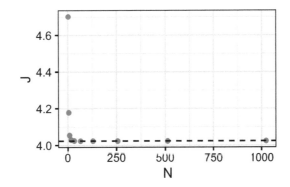

図 3.2 式 (3.4) で定義される $f(x)$ の積分 I に対する複合台形公式の適用例．x 軸は N を y 軸は J の値をあらわす．ここでは $N = 2^k$ $(k = 1, 2, \ldots, 10)$ とした．破線は I の真値をあらわし，N が大きいと J は I に非常に近い値を取ることが見て取れる．

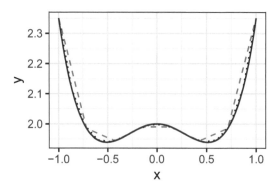

図 3.3 式 (3.4) で定義される $f(x)$ と複合台形公式で使われる $f(x)$ の近似 $g(x)$ のプロット. $k = 2^3$ （破線）および $k = 2^4$ （ドット）での区分的多項式近似 $g(x)$ が実線の $f(x)$ に近い値を取ることが見て取れる.

◀ リスト 3.1　台形公式の R 言語への指示と出力 ▶

```
1  > f <- function(x){
2  + return(1/cos(x)+1/(1+x^2))
3  + }
4  > N <- 100
5  > t <- seq(-1,1,length=N)
6  > sum(as.numeric(lapply(t[-1],f))+as.numeric(lapply(t[-N],f)))*2/(2*(N-1))
7  [1] 4.023341
```

本節の終わりに，ベイズ統計学に出てくる積分問題への適用を考えてみよう.

例 3.3　長さ N の観測 $x_1, \ldots, x_N | \theta$ は独立でコーシー分布 $\mathcal{C}(\theta, 1)$ に従い，θ には $\mathcal{C}(0, 1)$ が事前分布として仮定されているとする. このとき尤度と事前分布の確率密度関数はそれぞれ

$$p(x^N | \theta) = \prod_{n=1}^{N} \frac{1}{\pi(1 + (x_n - \theta)^2)}, \; p(\theta) = \frac{1}{\pi(1 + \theta^2)}$$

である. したがって，周辺確率密度関数は

$$p(x^N) = \int_{-\infty}^{\infty} p(x^N | \theta) p(\theta) \mathrm{d}\theta$$

$$= \int_{-\infty}^{\infty} \left\{ \prod_{n=1}^{N} \frac{1}{\pi(1 + (x_n - \theta)^2)} \right\} \frac{1}{\pi(1 + \theta^2)} \mathrm{d}\theta \qquad (3.5)$$

であらわされる. この値の導出に台形公式を利用しよう. ただし，台形公式では積分

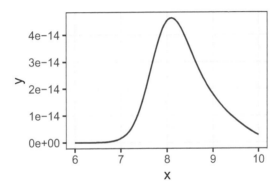

図3.4 標準正規分布を事前分布としたコーシー分布 $C(\theta, 1)$ に対する関数 $p(x^N|\theta)p(\theta)$ のプロット.

区間を $(-\infty, \infty)$ とは取れないので,有限区間で近似する必要がある.図 3.4 によって被積分関数の起伏を見ると,積分区間を十分広く取れば,積分の値にはほとんど影響がないはずであり,ここでは積分区間を $[-100, 100]$ と取った.

◀ **リスト 3.2　台形公式による,コーシーモデルに対する周辺確率の出力** ▶

```
1   > set.seed(1234)
2   > N <- 1e1
3   > M <- 1e6
4   > x <- rcauchy(N)+10
5   > f <- function(theta){
6   + return(prod(dcauchy(x-theta))*dcauchy(theta))
7   + }
8   > M <- 10000
9   > L <- -100
10  > U <- 100
11  > t <- seq(U,L,length=M)
12  > sum(as.numeric(lapply(t[-1],f))+as.numeric(lapply(t[-M],f)))*(U-L)/(2*M)
13  [1] 6.449621e-14
```

➤ **3.2　基本的モンテカルロ積分法**

◎ **3.2.1　基本的モンテカルロ積分法**

台形公式は低次元の積分に有効だが,関数近似の難しさから,高次元ではしばしばうまくいかない.

この節では今紹介した数値積分法と異なったアプローチを紹介する．ここでは，確定的であるはずの積分計算に不確実性を導入することで積分近似をおこなう方法を紹介しよう．端的には大数の法則で近似するということだ．近似したい積分が

$$I = \int_E f(x)p(x)\mathrm{d}x$$

という形で書けているとしよう．ここで E は勝手な状態空間で，$p(x)$ は確率分布 P の確率密度関数である．だから，$X_1, \ldots, X_M$ が P に従う（擬似乱数ではない真の）乱数の列なら，大数の法則から

$$I_M = \frac{1}{M} \sum_{m=1}^{M} f(X_m) \ \longrightarrow_{M \to \infty} I \tag{3.6}$$

が成立する．積分を乱数で代用するのである．さらにそれを擬似乱数で代用する近似法を**基本的モンテカルロ積分法** (Crude Monte Carlo method) という．より一般に，擬似乱数を用いた数値積分法を**モンテカルロ積分法** (Monte Carlo method) という．

　乱数を擬似乱数で置き換えた点に議論の飛躍がある．基本的モンテカルロ積分法が確率的な方法であり，だからうまくいくのだと捉えるのは誤りである．擬似乱数だからモンテカルロ積分は確定的な計算法である．したがって，現実の世界では大数の法則は働かない．個人確率で擬似乱数を真の乱数からの出力だと認識するのであり，大数の法則は頭の中の認識の世界にだけ成立する．その上で，モンテカルロ積分を確率的な手法として解析しても，大きな誤りが稀であると認識されているに過ぎない．これ以降は，擬似乱数しか議論に出てこないので，ふたたび擬似乱数のことを単に乱数と表記する．まず例を見てみよう．

例 3.4　区間 $[0,1]$ 上に関数 $f(x)$ を

$$f(x) = (\cos(50x) + \sin(20x))^2$$

で定める．基本的モンテカルロ積分法を使って

$$I = \int_0^1 f(x)\mathrm{d}x \tag{3.7}$$

の近似をおこなう．図 3.5 でわかるように，この関数は複雑な振幅がある．基本的モンテカルロ積分法では，一様乱数を生成し，関数 $f(x)$ の値の平均を取れば良い．なお，この積分は三角関数の二乗だから，原始関数が初等関数（三角関数）で書けて，積分も直接初等関数から計算できる．したがって真値からの乖離を見ることができる．

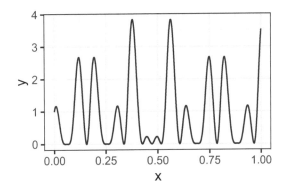

図 3.5　関数 $f(x) = (\cos(50x) + \sin(20x))^2$ のプロット.

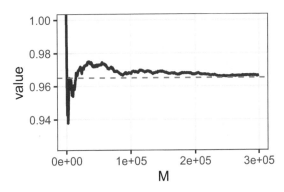

図 3.6　関数 $f(x) = (\cos(50x) + \sin(20x))^2$ の積分近似. 実線は基本的モンテカルロ積分法を用いたもの. 破線は真値をあらわす. x 軸は用いた乱数の数をあらわす.

◀ リスト 3.3　基本的モンテカルロ積分法 ▶

```
1  > f <- function(x) return( (cos( 50 * x ) + sin( 20 * x ) ) ^2 )
2  > mean(f(runif(1e5)))
3  [1] 0.9491382
```

　複雑な被積分関数にもかかわらず，図 3.6 を見ると，乱数をたくさん使えば良い近似になることがわかる. しかし乱数の数を増やせば単調に収束するわけではないことに注意しよう. 先程の周辺確率密度関数の計算 (3.5) の例も見てみよう.

例 3.5　周辺確率密度関数 (3.5) を近似計算する. ここでは

$$p(\theta) = \frac{1}{\pi(1+\theta^2)}, \quad f(\theta) = \prod_{n=1}^{N} \frac{1}{\pi(1+(x_n-\theta)^2)}$$

として $I = \int f(\theta)p(\theta)\mathrm{d}\theta$ を計算できる．だから，$\theta_1, \ldots, \theta_M$ を $\mathcal{C}(0,1)$ から生成し，

$$\frac{1}{M}\sum_{m=1}^{M}\prod_{n=1}^{N}\frac{1}{\pi(1+(x_n-\theta_m)^2)}$$

を計算する．

◀ **リスト3.4　基本的モンテカルロ積分法による周辺確率密度関数の計算** ▶

```
1  > set.seed(1234)
2  > N <- 1e1
3  > M <- 1e6
4  > x <- rcauchy(N)+10
5  > f <- function(theta){
6  + return(prod(dcauchy(x-theta)))
7  + }
8  > theta <- rcauchy(M)
9  > mean(as.numeric(lapply(theta,f)))
10 [1] 6.487795e-14
```

3.2.2　誤差評価

例3.5 では周辺確率密度関数を計算した．この問題では積分は解析的に解くことはできず，正確な答えはわからない．だから，例3.4 と違って，ここで計算した値が真値をどれほど近似しているかわからない．しかし，近似の良さを統計的に知ることはできる．その方法を紹介する前に，本書で度々必要になる，次の**マルコフの不等式** (Markov's inequality) を用意しておこう．

> **定理3.3　マルコフの不等式**
>
> 確率変数 X と実数 $a, p > 0$ に対し，
>
> $$\mathbb{P}(|X| \geq a) \leq a^{-p}\mathbb{E}[|X|^p]$$
>
> が成り立つ．

証明　まず，確率と期待値の関係について注意しておこう．ある集合 A に対し，

$$h(x) = \begin{cases} 1 & x \in A \\ 0 & x \notin A \end{cases}$$

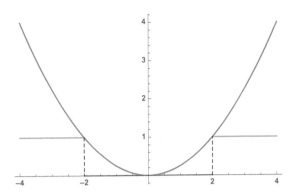

図 3.7 $a=2, p=2$ としたときの $f(x)$ と $g(x) = |x|^p/a^p$ のグラフ。ちょうど $x=a$ のとき両者は等しく、それ以外では常に階段関数 $f(x)$ は $g(x)$ より小さい。

としたとき、

$$\mathbb{P}(X \in A) = \mathbb{E}[h(X)]$$

となる。この事実を使えば、確率と期待値の比較であるマルコフの不等式が、二つの期待値の比較とみなせる。さて、

$$|x| \geq a \implies \frac{|x|^p}{a^p} \geq 1$$

だから、

$$f(x) = \begin{cases} 1 & |x| \geq a \\ 0 & |x| < a \end{cases}$$

とすると、図 3.7 のように二つの関数の大小関係から、

$$f(x) \leq g(x) := \frac{|x|^p}{a^p}$$

である。したがって、

$$\mathbb{P}(|X| \geq a) = \mathbb{E}[f(X)] \leq \mathbb{E}[g(X)] = \mathbb{E}\left[\frac{|X|^p}{a^p}\right] = a^{-p}\mathbb{E}[|X|^p].$$

$p=2$ の場合を**チェビシェフの不等式** (Chebyshev's inequality) と呼ぶ。マルコフの不等式は大雑把な評価で、たとえば標準正規乱数 X に対し

$$\mathbb{P}(|X| \geq 1.96) \approx 0.025$$

が知られているが、マルコフの不等式による評価は

$$\mathbb{P}(|X| \geq 1.96) \leq (1.96)^{-2}\mathbb{E}[|X|^2] = (1.96)^{-2} \approx 0.25$$

となり，真の値の 10 倍ほどの甘い評価である．

　基本的モンテカルロ積分法に対し，次の誤差の評価を示すことができる．

定理 3.4

　M は正の整数．$X_1, X_2, \ldots, X_M$ は独立で同じ確率分布に従う．関数 $f(x)$ に対し

$$\mathbb{E}[I_M] = I, \ \mathrm{Var}(I_M) = \mathbb{E}[(I_M - I)^2] = \sigma^2/M$$

とおく．ただし，

$$\sigma^2 = \mathrm{Var}(f(X))$$

とする．このとき，$M \to \infty$ としたとき，I_M は I に収束し，

$$\sqrt{M}(I_M - I)$$

の従う確率分布は $\mathcal{N}(0, \sigma^2)$ に収束する．さらに，任意の $x > 0$ に対し，

$$\mathbb{P}(|I_M - I| \geq x) \leq \frac{\sigma^2}{x^2 M}$$

が成り立つ．

証明　I_M は観測 $f(X_1), \ldots, f(X_M)$ の標本平均とみなせるから，標本平均の期待値の性質から

$$\mathbb{E}[I_M] = \mathbb{E}\left[\frac{1}{M}\sum_{m=1}^{M} f(X_m)\right] = \frac{1}{M}\sum_{m=1}^{M} \mathbb{E}[f(X_m)] = I$$

となる．さらに，標本平均の分散の性質から

$$\mathrm{Var}(I_M) = \mathrm{Var}\left[\frac{1}{M}\sum_{n=1}^{M} f(X_m)\right] = \frac{1}{M^2}\sum_{m=1}^{M} \mathrm{Var}(f(X_m)) = \frac{\sigma^2}{M}$$

となる．大数の強法則から $I_M \to I \ (M \to \infty)$ となることはすでに述べた通りである．さらに，中心極限定理より $\sqrt{M}(I_M - I)$ が正規分布に収束することが示せる．最後にチェビシェフの不等式から，

$$\mathbb{P}(|I_M - I| \geq x) \leq \frac{1}{x^2}\mathbb{E}[|I_M - I|^2] = \frac{\sigma^2}{x^2 M}$$

が得られる．　■

　上の定理からわかるように，基本的モンテカルロ積分法の誤差 $I_M - I$ は $M^{1/2}$ の収束レートである．したがって，誤差を一桁改善するためには，乱数の数を 10 倍するのではなく，100 倍する必要がある．二桁の改善のためには 10,000 倍の乱数が必要である．

　ここでは基本的モンテカルロ積分法の証明を，一次元の積分の場合にのみ示した．多次元の場合も

$\sqrt{M}(I_M - I)$ の正規分布への収束が成り立つことは，中心極限定理からわかる．この事実から，I_M が I へ収束するレートは，次元によらずに $M^{1/2}$ ということができる．次元によらない収束レートを持つことは基本的モンテカルロ積分法の大事な特徴の一つである．補間型数値積分法も一次元以外に適用できるが，収束レートは次元に強く依存する．

乱数を用いて計算された I_M の精度の保証を，乱数を用いておこなおう．定理 3.4 の正規分布への収束を使えば，I の信頼区間を構成することができる．実数 $0 < \alpha < 1$ に対して，c_α を標準正規分布の α 分位数としよう．すなわち，標準正規分布の累積分布関数 Φ に対し，

$$\Phi(c_\alpha) = \int_{-\infty}^{c_\alpha} \phi(x)\mathrm{d}x = \alpha$$

を満たす点とする．標準正規分布の確率密度関数は原点で対称だから，

$$1 - c_\alpha = \int_{c_\alpha}^{\infty} \phi(x)\mathrm{d}x = \int_{-\infty}^{-c_\alpha} \phi(x)\mathrm{d}x = \Phi(-c_\alpha)$$

である．統計量の分散 σ_M^2 の近似を，I_M に使った乱数と同じ乱数を用いて

$$\sigma_M^2 := \frac{1}{M-1} \sum_{m=1}^{M} (f(X_m) - I_M)^2$$

で定める．これは $f(X_1), \ldots, f(X_M)$ の不偏標本分散だから，σ^2 の不偏推定量になる．さらに

$$L_M(\alpha) = I_M - M^{-1/2} \sigma_M c_{\alpha/2},$$
$$U_M(\alpha) = I_M + M^{-1/2} \sigma_M c_{\alpha/2}$$

とする．すると次が示せる．

定理 3.5

実数 $0 < \alpha < 1$ に対し

$$\lim_{M \to \infty} \mathbb{P}(L_M(\alpha) \le I \le U_M(\alpha)) = 1 - \alpha$$

が成立する．

証明 まず，σ_M^2 が σ^2 の一致推定量であることを示そう．標本分散の性質から，

$$\frac{1}{M} \sum_{m=1}^{M} (f(X_m) - I)^2 = \frac{1}{M} \sum_{m=1}^{M} \{(f(X_m) - I_M) + (I_M - I)\}^2$$
$$= \frac{1}{M} \sum_{m=1}^{M} (f(X_m) - I_M)^2 + (I_M - I)^2$$

$$= \frac{M-1}{M}\sigma_M^2 + (I_M - I)^2$$

と二つの部分に分解できる．一方，大数の法則から

$$\lim_{M\to\infty} \frac{1}{M}\sum_{m=1}^{M}(f(X_m)-I)^2 = \sigma^2, \quad \lim_{M\to\infty} I_M = I \tag{3.8}$$

が示せる．したがって

$$\sigma_M^2 = \frac{M}{M-1}\left\{ \frac{1}{M}\sum_{m=1}^{M}(f(X_m)-I)^2 - (I_M-I)^2 \right\} \longrightarrow \sigma^2$$

となり，σ_M^2 が σ^2 の一致推定量であることが示せた．また，中心極限定理によって $\sqrt{M}(I_M - I)$ の従う分布は $\mathcal{N}(0,\sigma^2)$ に収束する．以上のことから，

$$\sqrt{M}\left(\frac{I-I_M}{\sigma_M}\right) \approx \sqrt{M}\left(\frac{I-I_M}{\sigma}\right) \tag{3.9}$$

と近似できる．右辺は中心極限定理によって標準正規分布に収束するから，左辺もそうなる（より正確な議論には，**スラツキー (Slutsky) の定理**を用いる必要がある）．一方，

$$L_M(\alpha) \le I \le U_M(\alpha) \iff -c_{\alpha/2} \le \sqrt{M}\left(\frac{I-I_M}{\sigma_M}\right) \le c_{\alpha/2}$$

である．よって

$$\mathbb{P}(L_M(\alpha) \le I \le U_M(\alpha)) = \mathbb{P}\left(-c_{\alpha/2} \le \sqrt{M}\left(\frac{I-I_M}{\sigma_M}\right) \le c_{\alpha/2}\right)$$

$$\longrightarrow \Phi(c_{\alpha/2}) - \Phi(-c_{\alpha/2}) = \alpha$$

が示せた． ■

注 $M \to \infty$ としたとき，確率変数 X_M の従う確率分布が X の従う確率分布に収束し，確率変数 A_M, B_M がそれぞれ定数 a, b に収束するとする．上の証明中に紹介したスラツキーの定理とは，$A_M X_M + B_M$ の従う確率分布が $aX + b$ の従う確率分布に収束することを保証するものである．上では式 (3.9) において

$$X_M = \sqrt{M}\left(\frac{I-I_M}{\sigma}\right), A_M = \frac{\sigma}{\sigma_M}, B_M = 0$$

として使った．X_M の従う分布は中心極限定理から $\mathcal{N}(0,1)$ に収束し，大数の法則から $A_M \longrightarrow a := 1$ に収束，そして B_M は常に 0 である．だから

$$A_M X_M + B_M = \sqrt{M}\left(\frac{I-I_M}{\sigma_M}\right)$$

の従う分布が標準正規分布に収束する．

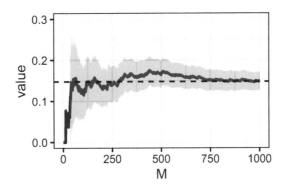

図 3.8　コーシー分布の裾確率の積分 I の推定 I_M の 95% 信頼区間を描いた．実線は I_M，実線を挟む領域が信頼区間をあらわす．x 軸は基本的モンテカルロ積分法の乱数の数をあらわす．

　上の結果から $[L_M(\alpha), U_M(\alpha)]$ は I の信頼係数 $1-\alpha$ の近似信頼区間となる．次の簡単な積分問題に適用し，信頼区間を計算してみよう．

例 3.6　コーシー分布の裾確率

$$I := \int_2^\infty p(x)\mathrm{d}x,$$

を計算する．ただし

$$p(x) = \frac{1}{\pi(1+x^2)}$$

である．例 2.2 のように，変数変換 $x = \tan\theta$ を施し，

$$I = \int_{\arctan 2}^{\pi/2} \frac{1}{\pi(1+\tan^2\theta)} \frac{\mathrm{d}\theta}{\cos^2\theta} = \int_{\arctan 2}^{\pi/2} \frac{\mathrm{d}\theta}{\pi} = \frac{1}{2} - \frac{\arctan 2}{\pi}$$

を得る．この値と，基本的モンテカルロ積分法で計算した近似値を比較しよう．関数 $f(x)$ を

$$f(x) = \begin{cases} 1 & \text{if } 2 \leq x \\ 0 & \text{if } 2 > x \end{cases} = 1_{\{2 \leq x\}}$$

とすると $I = \int f(x)p(x)\mathrm{d}x$ である．さらに，I_M を基本的モンテカルロ積分法による近似としたとき，誤差を

$$\sigma_M^2 = \frac{1}{M-1} \sum_{m=1}^M (f(x_m) - I_M)^2$$

を用いて評価できる．図 3.8 は信頼係数 95% の近似信頼区間を描いた．繰り返し回数が十分大きければ真値をよく近似することがわかる．

◀ リスト 3.5　基本的モンテカルロ積分法と推定誤差 ▶

```r
f <- function(x){
  if(x>2){1}
  else{0}
}

x <- 1:1000
y <- numeric(0)
z <- numeric(0)
u <- rcauchy(max(x))

for(N in x){
  t <- u[1:N]
  y <- append(y,sum(as.numeric(lapply(t,f)))/N)
  z <- append(z,sum((as.numeric(lapply(t,f))-sum(as.numeric(lapply(t,f)))/N)^2)/(N-1)/N)
}

data.fr<- data.frame(x=x,y=y,z=z)

ggplot(data.fr,aes(x=x,y=y))+geom_line(size=2)+ geom_ribbon(aes(ymin=y-1.96*sqrt(z), ymax=
    y+1.96*sqrt(z)),
          alpha=0.3)+geom_hline(yintercept = 0.1476,lty=2)+theme_bw()+ylim(-0.1,0.5)
```

➤ 3.3　自己正規化モンテカルロ積分法

事前密度関数を $p(\theta)$，尤度を $p(x|\theta)$ とすると事後密度関数 $p(\theta|x)$ による関数 $f(\theta)$ の期待値は

$$\int f(\theta)p(\theta|x)\mathrm{d}\theta = \frac{\int f(\theta)p(x|\theta)p(\theta)\mathrm{d}\theta}{\int p(x|\theta)p(\theta)\mathrm{d}\theta}$$

となる．この値に興味があるとする．積分の割り算だから，分子と分母それぞれに基本的モンテカルロ積分法を適用して積分近似ができる．

一般に，状態空間 E に定義された確率分布 P の確率密度関数を $p(x)$ とし，関数 f, g の積分

$$I = \frac{\int_E f(x)p(x)\mathrm{d}x}{\int_E g(x)p(x)\mathrm{d}x}$$

に興味があるとする．分母が 0 でない限り，$X_1, \ldots, X_M$ を P に従う独立な乱数とすると，

$$I_M = \frac{\sum_{m=1}^{M} f(X_m)}{\sum_{m=1}^{M} g(X_m)}$$

による近似は大数の法則から I に収束する．分母の近似の不要な，もともとの基本的モンテカルロ積分法と区別するため，**自己正規化 (Self-normalized) モンテカルロ積分法**と呼ぶことにしよう．たとえば正規モデルでの事後平均を計算してみよう．

例 3.7　観測が $x|\theta \sim \mathcal{N}(\theta, 1)$ に従い，事前分布 $\mathcal{C}(0, 1)$ を入れる．事後密度関数は

$$p(\theta|x) \propto \frac{1}{1+\theta^2} \exp\left(-\frac{(x-\theta)^2}{2}\right)$$

となる．したがって事後平均は

$$\int_{-\infty}^{\infty} \theta p(\theta|x)\mathrm{d}\theta = \frac{\int_{-\infty}^{\infty} \frac{\theta}{1+\theta^2} \exp\left(-\frac{(x-\theta)^2}{2}\right) \mathrm{d}\theta}{\int_{-\infty}^{\infty} \frac{1}{1+\theta^2} \exp\left(-\frac{(x-\theta)^2}{2}\right) \mathrm{d}\theta}$$

となる．分子，分母にあらわれる二つの積分を基本的モンテカルロ積分法で近似する，自己正規化モンテカルロ積分法を適用できる．$\theta_1, \ldots, \theta_M \sim \mathcal{N}(x, 1)$ として

$$\left(\frac{1}{M} \sum_{m=1}^{M} \frac{\theta_m}{1+\theta_m^2}\right)\left(\frac{1}{M} \sum_{m=1}^{M} \frac{1}{1+\theta_m^2}\right)^{-1}$$

によって事後平均を近似できる．一方，$\theta_1, \ldots, \theta_M \sim \mathcal{C}(0, 1)$ として

$$\left(\frac{1}{M} \sum_{m=1}^{M} \theta_m \exp\left(-\frac{(x-\theta_m)^2}{2}\right)\right)\left(\frac{1}{M} \sum_{m=1}^{M} \exp\left(-\frac{(x-\theta_m)^2}{2}\right)\right)^{-1}$$

でも事後平均を近似できる．

　自己正規化モンテカルロ積分法の近似信頼区間を構成したい．ここからは発展的な内容のため，読み飛ばしても良い．記号の簡単のため，関数 f, g をあらかじめ正規化して

$$\overline{f}(x) = \frac{f(x)}{\int f(x)p(x)\mathrm{d}x}, \quad \overline{g}(x) = \frac{g(x)}{\int g(x)p(x)\mathrm{d}x}$$

としよう．ただし，分母の積分はともに 0 ではないとする．すると，それぞれの関数による標本平均を

$$Y_M = M^{-1} \sum_{m=1}^{M} \overline{f}(X_m), \quad Z_M = M^{-1} \sum_{m=1}^{M} \overline{g}(X_m)$$

と書くと，

$$I_M = I \frac{Y_M}{Z_M}$$

となる. なお, $\int f(x)p(x)\mathrm{d}x = 0$ のときは I_M が正規分布に収束することを, 以下のようなテイラー展開を介さず, スラツキーの定理から直接導出できる.

定理 3.6

関数 $f, g : E \to \mathbb{R}$ は $\int f(x)p(x)\mathrm{d}x \neq 0, \int g(x)p(x)\mathrm{d}x \neq 0$ とする. このとき, 確率変数

$$\sqrt{M}(I_M - I)$$

の従う確率分布は $M \to \infty$ としたとき $\mathcal{N}(0, \sigma^2)$ に収束する. ただし,

$$\sigma^2 = I^2 \left\{ \mathrm{Var}(\overline{f}(X_1)) - 2\,\mathrm{Cov}(\overline{f}(X_1), \overline{g}(X_1)) + \mathrm{Var}(\overline{g}(X_1)) \right\}. \tag{3.10}$$

証明 微分可能な関数 $h : \mathbb{R}^2 \to \mathbb{R}$ は一次のテイラー展開

$$h(y, z) \approx h(y_0, z_0) + \partial_y h(y_0, z_0)(y - y_0) + \partial_z h(y_0, z_0)(z - z_0)$$

を持つ. ただし, $\partial_y h$, $\partial_z h$ はそれぞれ変数 y, z に対する偏微分をあらわす. これを $h(y, z) = z/y$, $y_0 = z_0 = 1$ および $y = Y_M, z = Z_M$ に適用すると,

$$I_M = I\,\frac{Y_M}{Z_M} \approx I\,\left(1 + (Y_M - 1) - (Z_M - 1)\right)$$

となる. したがって

$$M^{1/2}(I_M - I) \approx I\,\left(M^{1/2}(Y_M - 1) - M^{1/2}(Z_M - 1)\right) = M^{-1/2} I \sum_{m=1}^{M} (\overline{f}(X_m) - \overline{g}(X_m))$$

となる. 右辺は独立同分布の確率変数の和を正規化したものだから, 中心極限定理によって正規分布 $\mathcal{N}(0, \sigma^2)$ に収束する. ただし,

$$\begin{aligned}
\sigma^2 &= I^2\,\mathrm{Var}(\overline{f}(X_1) - \overline{g}(X_1)) \\
&= I^2 \left\{ \mathrm{Var}(\overline{f}(X_1)) - 2\,\mathrm{Cov}(\overline{f}(X_1), \overline{g}(X_1)) + \mathrm{Var}(\overline{g}(X_1)) \right\}
\end{aligned}$$

となり, (3.10) が成り立つ. ∎

テイラー展開を利用した極限分布の導出法を**デルタ法** (Delta method) という. なお, ここでは記号 $\approx$ を使うことで細かい議論を避けたが, ちゃんと示すには定理 3.5 で使ったスラツキーの定理を使う必要がある.

例 3.7 の二つの方法の出力と推定誤差を描いてみよう. 信頼区間の構成のため, 基本的モンテカルロ積分法のときの信頼区間の計算と同様に, (3.10) をモンテカルロ法で近似計算した. 図 3.9 を見ると, 正規分布を用いた方法のほうが信頼区間が小さく, やや収束が良いように見える. このように, 基本

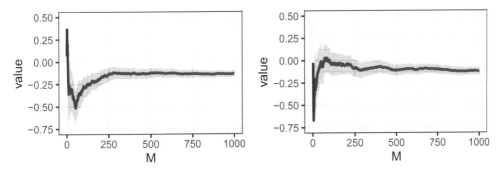

図 3.9 例 3.7 の二つの方法による積分 I の推定 I_M の 95% 信頼区間を描いた．実線は I_M，実線を挟む領域が信頼区間をあらわす．x 軸は基本的モンテカルロ積分法の乱数の数をあらわす．左図は正規分布を生成する方法，右図はコーシー分布を生成する方法である．正規分布のほうがやや収束が良いように見える．

的モンテカルロ積分法の比較の議論は積分の真値がわからなくてもできる．参考のため，関数 rnorm を用いるほうの R 言語への指示を下に載せる．関数 rcauchy を用いる方法も同様である．

◢ リスト 3.6　自己正規化モンテカルロ積分法と推定誤差 ◣

```
 1  set.seed(1234)
 2  theta0 <- 1.5
 3  x <- rnorm(theta0,1)
 4
 5  f <- function(theta){
 6    theta/(1+theta^2)
 7  }
 8
 9  g <- function(theta){
10    1/(1+theta^2)
11  }
12
13  M <- 1000
14
15  y <- numeric(0)
16  z <- numeric(0)
17  u <- rnorm(M) + x
18
19  for(N in 1:M){
20    t <- u[1:N]
21    fseq <- as.numeric(lapply(t,f))
22    gseq <- as.numeric(lapply(t,g))
23    fmean <- mean(fseq)
```

```
24    gmean <- mean(gseq)
25    fvar <- sd(fseq)^2
26    gvar <- sd(gseq)^2
27    fgcov <- cov(fseq,gseq)
28    y <- append(y,fmean/gmean)
29    z <- append(z,tail(y,n=1)^2*(fvar/fmean^2 - 2 * fgcov/(fmean*gmean) + gvar/gmean^2)/N)
30  }
31
32  data.fr<- data.frame(x=1:M,y=y,z=z)
33
34  ggplot(data.fr,aes(x=x,y=y))+geom_line(color = "blue",size=2)+ geom_ribbon(aes(ymin=y
        -1.96*sqrt(z)), ymax=y+1.96*sqrt(z)),
35              alpha=0.3, fill = "blue")+theme_bw()+ylim(0.75,1.75)
```

➤ 3.4 重点サンプリング法

▶ 3.4.1 重点サンプリング法の構成

状態空間 E 上に定義された，興味のある分布 P と，同じ状態空間に定義された確率分布 Q はそれぞれ確率密度関数 $p(x), q(x)$ を持ち，$q(x) = 0$ なら $p(x) = 0$ とする（P は Q に対して絶対連続であるという）．密度関数の割合を

$$r(x) = \frac{p(x)}{q(x)}$$

と書くことにする．関数 $f : E \to \mathbb{R}$ の P についての積分は，

$$I = \int_E f(x)p(x)\mathrm{d}x = \int_E f(x)r(x)\ q(x)\mathrm{d}x$$

のように，関数 $f(x)r(x)$ の Q についての積分と捉え直せる．だから，式 (3.6) のように，P に従う独立な確率変数列を用意するのではなく，代わりに Q に従う独立な確率変数列 $X_1, X_2, \dots$ を用意して，

$$I_M = \frac{1}{M} \sum_{m=1}^{M} f(X_m)r(X_m)$$

とすることで I を近似することができる．なぜなら，大数の法則から

$$I_M \ \longrightarrow_{M \to \infty} \ \int_E f(x)r(x)q(x)\mathrm{d}x = I$$

となるからだ．うまく Q を選べば，より分散を少なく I を近似できるかもしれない．また，そもそも P が複雑すぎて P に従う乱数列が作れないときに，I を Q の積分とみなせば，計算を実行できる．こ

のモンテカルロ積分法を**重点サンプリング法** (Importance sampling) という．確率分布 Q を**提案分布** (Importance distribution) という．

> 注 積分 I の値に興味があるときに，何を被積分関数 f に，何を確率測度 P に取るかは自由である．明示的に与えられた f と P の組ではない組でおこなう基本的モンテカルロ積分法が重点サンプリング法 である．明示的であるかどうかは感覚の問題であるから，通常の基本的モンテカルロ積分法と重点サンプリング法の境目はあいまいである．

重点サンプリング法について，以下の性質が成り立つ．証明は基本的モンテカルロ積分法と同じなので略す．

定理 3.7

M は正の整数．$X_1, X_2, \ldots, X_M$ は Q に従い独立とする．このとき $\mathbb{E}[I_M] = I$, $\mathrm{Var}(I_M) = \mathbb{E}[(I_M - I)^2] = \sigma^2/M$, ただし

$$\sigma^2 = \int_{x \in E} (f(x)r(x) - I)^2 q(x)\mathrm{d}x = \int_{x \in E} f(x)^2 r(x)^2 q(x)\mathrm{d}x - I^2 \quad (3.11)$$

が成り立つ．また，I_M は I に収束する．さらに，

$$\sqrt{M}(I_M - I)$$

の従う確率分布は $M \to \infty$ としたとき $\mathcal{N}(0, \sigma^2)$ に収束する．

棄却法とよく似た手法であるが，$r(x)$ は有界でなくても，I_M の I への収束が成り立つ．しかし，式 (3.11) を見るとわかるように，$r(x)$ が大きいと，σ^2 が大きい値を取り，計算効率が良くない．

なお，重点サンプリング法で計算した推定量の信頼区間を構成をする際には，分散 σ^2 の知識が必要である．通常は σ^2 は未知であるが，基本的モンテカルロ積分法と同様に

$$\sigma_M^2 = \frac{1}{M-1} \sum_{m=1}^{M} (f(X_m)r(X_m) - I_M)^2$$

で近似できる．

次の例では標準正規分布の裾確率の計算に指数分布を用いる重点サンプリング法を考える．いっけん，標準正規分布の裾確率なら標準正規乱数を用いた基本的モンテカルロ積分法が有効に感じるかもしれない．しかしこの直感は正しくない．あとで見る定理 3.9 から，提案分布 Q は被積分関数 $f(x)$ と確率分布 P の確率密度関数 $p(x)$ の積，$f(x)p(x)$ に似たものを取ると効率が良い．だから，$f(x)p(x)$ と $p(x)$ が大きく異なるようであれば，P ではなく，より $f(x)p(x)$ に近い確率密度関数を持つ提案分布を取るほうが良い．

例3.8 実数 x に対し $I = \Phi(-x) = \int_{-\infty}^{\infty} I_{\{y>x\}}\phi(y)\mathrm{d}y$ とする．標準正規分布に従う確率変数列 $X_1, \ldots, X_M$ を用いて

$$I_{M,1} := \frac{1}{M}\sum_{m=1}^{M} 1_{\{X_m > x\}}$$

なる近似をするのが基本的モンテカルロ積分法による自然な方法である．定理3.4より，乱数を $M = 1$ 個用いた場合の推定量の分散は $\sigma_1^2 = \mathrm{Var}(1_{\{X_1>x\}})$ となる．この分散は少し簡単に表記できる．実際，

$$\begin{aligned}
\sigma_1^2 &= \mathrm{Var}(1_{\{X_1>x\}}) \\
&= \mathbb{E}[1_{\{X_1>x\}}] - \mathbb{E}[1_{\{X_1>x\}}]^2 \\
&= \mathbb{P}(X_1 > x) - \mathbb{P}(X_1 > x)^2 = (1 - \Phi(x)) - (1 - \Phi(x))^2
\end{aligned}$$

であるし，$1 - \Phi(x) = \Phi(-x)$ となるから，結局

$$\sigma_1^2 = \Phi(-x) - \Phi(-x)^2$$

である．重点サンプリング法を使って，いま定義した基本的モンテカルロ積分法より効率的な手法を構成できる．指数分布を x だけずらした分布を Q とする．すなわち，Q の確率密度関数 $q(y)$ は

$$q(y) = \begin{cases} e^{-(y-x)} & \text{if } y \geq x \\ 0 & \text{if } y < x \end{cases}$$

である．すると I を Q による積分として

$$I = \Phi(-x) = \int_x^{\infty} \phi(y)\mathrm{d}y = \int_x^{\infty} \frac{\phi(y)}{e^{-(y-x)}} e^{-(y-x)}\mathrm{d}y = \int_x^{\infty} r(y)q(y)\mathrm{d}y$$

と表現できる．ただし

$$r(y) = \frac{\phi(y)}{e^{-(y-x)}} = \frac{\exp(-\frac{y^2}{2} + (y-x))}{\sqrt{2\pi}}$$

である．したがって $X_1, \ldots, X_m$ が独立で Q に従うなら

$$I_{M,2} := \frac{1}{M}\sum_{m=1}^{M} r(X_m) = \frac{1}{M}\sum_{m=1}^{M} \frac{\exp(-\frac{X_m^2}{2} + (X_m - x))}{\sqrt{2\pi}} \longrightarrow I.$$

定理3.7より，乱数を $M = 1$ 個用いた場合の推定量の分散は

$$\sigma_2^2 = \mathrm{Var}(r(X_1)) = \mathbb{E}[r(X_1)^2] - \mathbb{E}[r(X_1)]^2$$

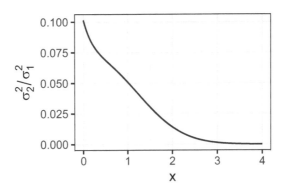

図 3.10　基本的モンテカルロ積分法の分散 σ_1^2 で重点サンプリング法の分散 σ_2^2 を割った値．x の値が大きいほど差が顕著になる．

となる．この分散で出てきた二つの期待値を，積分を使わない形に書き下そう．まず，$\mathbb{E}[r(X_1)] = \Phi(-x)$ であり，

$$\mathbb{E}[r(X_1)^2] = \int_x^\infty r(y)^2 e^{-(y-x)} \mathrm{d}y$$

$$= \int_0^\infty r(y+x)^2 e^{-y} \mathrm{d}y$$

$$= \int_0^\infty \frac{1}{2\pi} \exp(y - (x+y)^2) \mathrm{d}y$$

となる．平方完成

$$y - (x+y)^2 = -(y + (x-1/2))^2 - x + 1/4$$

および変数変換 $z = \sqrt{2}(y + (x-1/2))$ により

$$\mathbb{E}[r(X_1)^2] = \frac{1}{2\sqrt{\pi}} \int_{\sqrt{2}(x-1/2)}^\infty \phi(z) \mathrm{d}z \, \exp\left(-x + \frac{1}{4}\right)$$

$$= \frac{1}{2\sqrt{\pi}} \Phi\left(-\sqrt{2}\left(x - \frac{1}{2}\right)\right) \exp\left(-x + \frac{1}{4}\right)$$

と計算できる．σ_2^2/σ_1^2 をグラフにすると図 3.10 のようになり，x の値が大きいと重点サンプリング法は基本的モンテカルロ積分法を大きく改善していることがわかる．

3.4.2　重点サンプリング法の最適性

　重点サンプリング法は Q の確率密度関数 $q(x)$ が $q(x) = 0 \implies p(x) = 0$ を満たしさえすれば，正しく I に収束する．ただし，その効率は Q の選択に依存し，分散の意味での最適性を定義することができる．以下の定理では**コーシー・シュワルツの不等式** (Cauchy–Schwartz inequality) を用い

る．コーシー・シュワルツの不等式は，実数 $x_1, x_2, \ldots, x_N$ および $y_1, y_2, \ldots, y_N$ に対し，

$$\left| \sum_{n=1}^{N} x_n y_n \right| \leq \left(\sum_{n=1}^{N} x_n^2 \right)^{1/2} \left(\sum_{n=1}^{N} y_n^2 \right)^{1/2}$$

なる不等式として知られる．等号は，ある実数 c があって，

$$x_n = c y_n \ (n = 1, \ldots, N)$$

のときのみ成立する．積分は数列の和として幾らでもよく近似できるから，自然な拡張として次が言える．

定理 3.8　コーシー・シュワルツの不等式

確率変数 X, Y について

$$|\mathbb{E}[XY]| \leq \mathbb{E}[|X|^2]^{1/2} \, \mathbb{E}[|Y|^2]^{1/2}$$

が成り立つ．等号は，ある定数 $c \in \mathbb{R}$ に対し，$X = cY$ となるときに限る．とくに，$Y \equiv 1$ とし，X の代わりに $|X|$ を代入すれば

$$\mathbb{E}[|X|] \leq \mathbb{E}[|X|^2]^{1/2} \tag{3.12}$$

となる．等号は X が定数のときに限る．

例 3.9

X の代わりに $X - \mathbb{E}[X]$ を，Y の代わりに $Y - \mathbb{E}[Y]$ を代入すれば，コーシー・シュワルツの不等式から

$$|\mathrm{Cov}(X, Y)| \leq \mathrm{Var(X)}^{1/2} \mathrm{Var(Y)}^{1/2}$$

という，共分散に対するよく知られた式が得られる．

コーシー・シュワルツの不等式を使うと，重点サンプリング法の最適の Q を導出できる．

定理 3.9

重点サンプリング法の分散を最小にする提案分布 Q の確率密度関数 $q(x)$ は以下で与えられる：

$$q(x) = \frac{|f(x)|p(x)}{\int_E |f(x)|p(x)\mathrm{d}x}. \tag{3.13}$$

証明 重点サンプリング法による推定 I_M の分散 σ^2/M は

$$\sigma^2 = \int_E f(x)^2 r(x)^2 q(x)\mathrm{d}x - I^2 \tag{3.14}$$

と書けていた．右辺の第一項にコーシー・シュワルツの不等式（定理 3.8）を適用しよう．コーシー・シュワルツの不等式 (3.12) で X に $f(x)r(x)$ を代入し，確率分布 Q での期待値を考えれば

$$\int_E |f(x)|r(x)q(x)\mathrm{d}x \le \left(\int_E f(x)^2 r(x)^2 q(x)\mathrm{d}x\right)^{1/2}$$

となる．ここで $r(x)$ は常に非負であることに注意しよう．さらにこのとき，$r(x)$ の定義を思い出せば，左辺を整理できて，

$$\int_E |f(x)|p(x)\mathrm{d}x \le \left(\int_E f(x)^2 r(x)^2 q(x)\mathrm{d}x\right)^{1/2}$$

が言える．式 (3.14) から，右辺が $(\sigma^2 + I^2)^{1/2}$ と書けることに気がつけば，

$$\left(\int_E |f(x)|p(x)\mathrm{d}x\right)^2 - I^2 \le \sigma^2$$

となる．すなわち σ^2 の下限が得られたことになる．等号は $|f(x)|r(x)$ が定数，すなわち

$$|f(x)|r(x) = c \iff cq(x) = |f(x)|p(x)$$

となる定数 $c > 0$ があるときのみ成立する．両辺を積分すれば

$$c = \int_E |f(x)|p(x)\mathrm{d}x.$$

よって題意を得る． ∎

　実際の応用上は，分散を最小にする提案分布 Q を使うことは困難である．しかし，$q(x)$ を $f(x)p(x)$ や $p(x)$ に近く取るべきであるという示唆を与えてくれる．なお，重点サンプリング法は自己正規化モンテカルロ法と組み合わせて計算することもできる．

　定理の結果と，重点サンプリング法の意義をより理解するための次の例を見てこの章を終わりにしよう．

例 3.10 実数値関数 $f(x) = \exp(x/3)$，P は指数分布 $\mathcal{E}(1)$ とすると，$p(x) = \exp(-x)$ であり，

$$I = \int_0^\infty f(x)p(x)\mathrm{d}x = \frac{3}{2}$$

と計算できる．まず，基本的モンテカルロ積分法を考えよう．定理 3.4 より，乱数を

$M = 1$ 個用いた場合の推定量の分散は

$$\int_0^\infty (f(x) - I)^2 p(x)\mathrm{d}x = \int_0^\infty f(x)^2 p(x)\mathrm{d}x - I^2 = 3 - (3/2)^2$$

である．次に，指数分布 $\mathcal{E}(2)$ を用いた重点サンプリング法を考えよう．このとき，$q(x) = 2\exp(-2x)$ である．定理 3.7 より，乱数を $M = 1$ 個用いた場合の推定量の分散は

$$\int_0^\infty f(x)^2 \frac{p(x)^2}{q(x)}\mathrm{d}x - I^2 = \int_0^\infty 2^{-1}\exp(2x/3)\mathrm{d}x = +\infty$$

である．分散が発散してしまう！（図 3.11 参照） また，定理 3.7 より，最適な選択は $q(x) \propto |f(x)|p(x) = \exp(-2x/3)$，すなわち Q を指数分布 $\mathcal{E}(2/3)$ と取った場合である．このときの分散は，$q(x) = 2/3\exp(-2x/3)$ である．重点サンプリング法で足し合わされる値は

$$f(x)\frac{p(x)}{q(x)} = \frac{3}{2}$$

となり，不確実性がない．だから，定理 3.7 より，乱数を $M = 1$ 個用いた場合の推定量の分散は

$$\int_0^\infty f(x)^2 \frac{p(x)^2}{q(x)^2}q(x)\mathrm{d}x - I^2 = (3/2)^2 - (3/2)^2 = 0$$

となる．すなわちこの重点サンプリング法は誤差がなく I を計算できる．実は定理 3.7 の証明を見ればわかる通り，$f(x)$ が常に正なら，最適な Q を取ると分散は 0 になる．こうしたことからも，定理 3.7 の最適性の実現は現実的ではない．

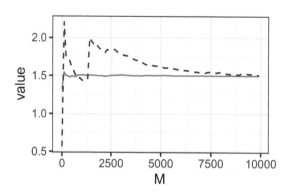

図 3.11 基本的モンテカルロ積分法と重点サンプリング法の比較．青い実線が関数 rexp(n, rate=1) を用いた基本的モンテカルロ積分法，破線が関数 rexp(n, rate=2) を用いた重点サンプリング法．後者は分散が発散するが，大数の法則は成立するので推定量自体は収束はする．しかし基本的モンテカルロ積分法より却って収束が悪いことが見て取れる．

➤ 第 3 章 練習問題

3.1 N は正の整数, $[0,1]$ 上で定義された関数 $f(x)$ の補間多項式としてバーンスタイン多項式 (Bernstein polynomial)

$$g(x) = \mathbb{E}\left[f\left(\frac{X}{N}\right)\right] = \sum_{n=0}^{N} f\left(\frac{n}{N}\right)\binom{N}{n}x^n(1-x)^{N-n}$$

を考える. ただし $X \sim \mathcal{B}(N, x)$. このとき, (1.3) 式と, n が正の整数であるとき $\Gamma(n) = (n-1)!$ となることを用いて

$$J = \int_0^1 g(x)\mathrm{d}x$$

を求めよ. なお, 大数の法則から, $f(x)$ が連続なら, $N \to \infty$ としたとき, $g(x)$ は $f(x)$ に一様収束することが知られている.

3.2 $N = 3$ とし, $a = x_1 < x_2 < x_3 = b$ を等間隔, すなわち $x_2 = (a+b)/2$ とした場合のルジャンドル多項式 l_1, l_2, l_3 に対し

$$w_i = \int_a^b l_i(x)\mathrm{d}x \ (i = 1, 2, 3)$$

を求めよ. ただし, $\int_a^b (x-a)^2\mathrm{d}x = \int_a^b (x-b)^2\mathrm{d}x = \frac{(b-a)^3}{3}$ および $\int_a^b (x-b)(x-a)\mathrm{d}x = -\frac{(b-a)^3}{6}$ をもちいるとよい.

3.3 ニュートン・コーツの公式において, $N = 3$ とし, $a = x_0 < x_1 < x_2 = b$ を等間隔, すなわち $x_1 = (a+b)/2$ とした場合を**シンプソン公式 (Simpson's rule)** という. 区間 $[a, b]$ 上の関数 $f(x)$ に対するシンプソン公式が

$$J = \frac{b-a}{6}\left(f(a) + 4f\left(\frac{a+b}{2}\right) + f(b)\right)$$

で与えられることを示せ.

3.4 複合台形公式を用いて (3.7) を計算せよ.

3.5 例 3.6 の I の値を, 関数 rcauchy を用いて, 基本的モンテカルロ積分法で信頼係数 95% のもと小数点以下第二位まで正確に求めよ.

3.6 例 3.6 を参考に任意の実数 x に対し, 正接関数の逆関数 $\arctan x$ を, 関数 rcauchy を用いた基本的モンテカルロ積分法で近似する方法を構成せよ. また, その値を関数 atan と比較せよ.

3.7 例 3.6 の計算でわかるように, 例 3.6 で定義されているコーシー分布の裾確率 I は

$$f(x) = \begin{cases} 1 & \text{if } x \geq \arctan 2 \\ 0 & \text{if } x < \arctan 2 \end{cases}$$

および $p(x)$ を区間 $[-\pi/2, \pi/2]$ の一様分布 $\mathcal{U}[-\pi/2, \pi/2]$ の確率密度関数として

$$I = \int_{-\pi/2}^{\pi/2} f(x) p(x) \mathrm{d}x$$

とも表現できる．この表現を利用して関数 runif を用いた基本的モンテカルロ積分法を構成せよ．また，その誤差を rcauchy を用いた方法と理論的におよび数値的に比較せよ．正接関数の逆関数 $\arctan x$ の導出は関数 atan を用いよ．

3.8 長さ N の観測 $x_1, \ldots, x_N | \theta$ は独立でコーシー分布 $\mathcal{C}(\theta, 1)$ に従い，θ には $\mathcal{C}(0, 1)$ が事前分布として仮定されているとする．このとき事後平均を，関数 rcauchy による自己正規化モンテカルロ法で計算せよ．

3.9 積分

$$\int_{-\infty}^{\infty} \exp(-\sqrt{|x|})(\sin x)^2 \mathrm{d}x$$

を重点サンプリング法で計算する．コーシー分布 $\mathcal{C}(0, 1)$ を提案分布とする方法と，標準正規分布 $\mathcal{N}(0, 1)$ を提案分布とする方法を数値的に比較し，結果を考察せよ．

{ 第 **4** 章 }

マルコフ連鎖

これまでの章では確率変数 $X_1, X_2, \ldots$ は独立で同じ分布 P に従うとしていた。少し拡張するだけで自由度が飛躍的に大きくなる。確率変数の n 番目の値が，$n-1$ 番目の値 $X_{n-1} = x$ に依存することを許そう。依存を許した確率変数列をマルコフ連鎖 (Markov chain) といい，これ以後の章で基本となる確率変数列である。まず，第 4.1, 4.2 節でマルコフ連鎖の具体例を紹介し，第 4.3 節から一般的なマルコフ連鎖について紹介する。まだ第 4.4 節では，マルコフ連鎖モンテカルロ法で重要な不変性の概念を紹介する。そして最後の第 4.5 節では，マルコフ連鎖の収束について簡単に触れる。マルコフ連鎖モンテカルロ法もこの章で紹介する。

➤ 4.1 ライト・フィッシャーモデル

二つの壺 A, B があり，A には黒白二種類の石が合わせて N 個あり，B は空である。それらの壺とは別に，無限の黒石および白石の入った袋がある。次の動作をおこなう。壺 A から石を一つ取り出し，色を確認してもとに戻す。同じ色の石を袋から取り出して B に入れる。この動作を N 回繰り返すと A, B ともに N 個の石があることになる。もともと石が入っていたほうの壺を空にして，A, B の役割を替えて同じことをおこなう。この一連の作業を何度もおこなうと，壺の中の二種類の石の割合はどうなるだろうか。

もう少し数学的に記述しよう。はじめに壺 A にある黒石の数を $X_0 = x$ とする。必然的に壺 A の白石の数は $N - x$ である。一回目の作業では，壺 A の黒石の数の割合に依存して，壺 B の黒石の数 X_1 は二項分布 $\mathcal{B}(N, x/N)$ に従う。以降，$m = 1, 2, \ldots$ について，$m+1$ 回目に空壺に新しく入れられる黒石の数 X_{m+1} は，$X_m = x$ に依存して $\mathcal{B}(N, x/N)$ に従う。このモデルを**ライト・フィッシャー (Wright–Fisher) モデル**という。大きさ N の集団の遺伝的変化をあらわす。白黒の石は対立する二つの遺伝子をあらわし，X_m は世代 m での黒遺伝子の数をあらわすモデルである。確率変数列 $X_0, X_1, \ldots$ は独立同分布に従わず，X_{m+1} の振る舞いは X_m によって決定される。このような確率変数列を**マルコフ連鎖** (Markov chain) という。

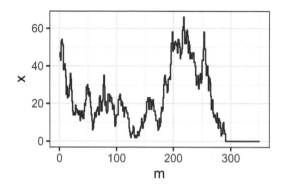

図 4.1　世代 350 までの経路．黒石の数が増減しながら最終的には $m = 300$ の手前ですべて白石になる，

リスト 4.1　ライト・フィッシャーモデルの生成

```
 1   > N <- 100
 2   > M <- 5
 3   > x0 <- 45
 4   > x <- x0
 5   > v <- numeric(M+1)
 6   > v[1] <- x0
 7   > for(i in 2:(M+1)){
 8   + x <- rbinom(1,100,prob=x/N)
 9   + v[i] <- x
10   + }
11   > v
12   [1] 45 47 43 53 54 52
```

　ある正の整数 M に対し，確率変数列 $(X_0, X_1, \ldots, X_M)$ の同時分布からの乱数 $(x_0, \ldots, x_m)$ を**経路 (Path, Sample path or Trajectory)** という．二項乱数を用いて世代 $m = 5$ までの経路を出力するのが上の R 言語への指示である．$N = 100$, $X_0 = 45$ とした．世代 $m = 0$ ではおおよそ半数が黒石である．世代 $m = 5$ までは黒石の数に大きな変化はない．世代 $m = 350$ までの経路を図示したのが図 4.1 である．このように，世代 $m = 300$ の手前で黒石がなくなり，その後二度と黒石はあらわれない．あとで見るように，これはたまたまではない．

　先程の問に戻ろう．黒石の数は時間的にどのように変化するだろうか．二項分布 $\mathcal{B}(N, \theta)$ の平均は $N\theta$ である．したがって X_m の $X_{m-1} = x$ で条件づけた期待値は，二項分布 $\mathcal{B}(N, x/N)$ の平均で，$N \cdot x/N = x$ である．すなわち，

$$\mathbb{E}[X_{m+1}|X_m = x] = x$$

である．この事実から

$$\mathbb{E}[X_{m+1}] = \sum_{x=0}^{N} \mathbb{E}[X_{m+1}|X_m = x]\, \mathbb{P}(X_m = x) = \sum_{x=0}^{N} x\, \mathbb{P}(X_m = x) = \mathbb{E}[X_m]$$

を得る．すなわち，黒石の数の期待値は変化しない．ただし，期待値が変化しなくても，黒石の数の振る舞いが変化しうることに注意しよう．図 4.1 のように，いつか必ず黒一色か白一色になる．集団遺伝学的に見れば，二つの対立遺伝子の多様性が消失することを意味する．この事実と，黒石の数の期待値が変化しないことはまったく矛盾しないことに注意しよう．多様性が消失しても，黒一色になるか，白一色になるかは不確実だからだ．この消失現象を計算で示そう．計算はやや発展的内容である．

定理 4.1　ライト・フィッシャーモデルの多様性の消失

$$\lim_{m \to \infty} \mathbb{P}(X_m = 0 \text{ or } N) = 1.$$

さらに，

$$\lim_{m \to \infty} \mathbb{P}(X_m = 0) = 1 - \frac{\mathbb{E}[X_0]}{N}, \quad \lim_{m \to \infty} \mathbb{P}(X_m = N) = \frac{\mathbb{E}[X_0]}{N}.$$

証明　まず，$x = 0$ もしくは N となることと，$x(N - x) = 0$ となることは同じであることに注意する．さらに x が整数値を取るなら，$x = 0$ もしくは N ではないことと，$x(N - x) \geq 1$ は同値である．したがって

$$X_m \neq 0, X_m \neq N \iff X_m(N - X_m) \neq 0 \implies X_m(N - X_m) \geq 1$$

である．この事実とマルコフの不等式により

$$\mathbb{P}(X_m \neq 0, X_m \neq N) \leq \mathbb{P}(X_m(N - X_m) \geq 1) \leq \mathbb{E}[X_m(N - X_m)]$$

が言える．ここで，確率変数 X_m は X_{m-1} で条件づけたもと，二項分布 $\mathcal{B}(N, X_{m-1}/N)$ に従うから練習問題 4.2 より

$$\begin{aligned}
\mathbb{E}[X_m(N - X_m)] &= \left(1 - N^{-1}\right) \mathbb{E}[X_{m-1}(N - X_{m-1})] \\
&= \cdots \\
&= \left(1 - N^{-1}\right)^m \mathbb{E}[X_0(N - X_0)]
\end{aligned}$$

を得る（練習問題 4.2）．とくに $m \to \infty$ とすれば $\mathbb{E}[X_m(N - X_m)] \to 0$ であることがわかる．したがって

$$\mathbb{P}(X_m \neq 0, X_m \neq N) \leq \mathbb{E}[X_m(N - X_m)] \longrightarrow_{m \to \infty} 0$$

となり，最初の主張

$$\mathbb{P}(X_m = 0 \text{ or } X_m = N) = 1 - \mathbb{P}(X_m \neq 0, X_m \neq N) \longrightarrow 1$$

が示せた.

ここで，X_m の期待値が添字 m によって変わらないから

$$\frac{\mathbb{E}[X_0]}{N} = \frac{\mathbb{E}[X_m]}{N} = \sum_{n=1}^{N} \frac{n}{N} \mathbb{P}(X_m = n)$$

である．この等式の中から $\mathbb{P}(X_m = N)$ だけ取り出すと，

$$\mathbb{P}(X_m = N) = \frac{\mathbb{E}[X_0]}{N} - \sum_{n=1}^{N-1} \frac{n}{N} \mathbb{P}(X_m = n)$$

となる．一方，右辺の和の部分は

$$\sum_{n=1}^{N-1} \frac{n}{N} \mathbb{P}(X_m = n) \leq \sum_{n=1}^{N-1} \mathbb{P}(X_m = n)$$
$$= \mathbb{P}(1 \leq X_m \leq N-1) = 1 - \mathbb{P}(X_m = 0 \text{ or } X_m = N) \to 0$$

となり，0 に収束することがわかる．以上により

$$\mathbb{P}(X_m = N) \longrightarrow_{m \to \infty} \frac{\mathbb{E}[X_0]}{N}$$

が示された．また，この事実より $\mathbb{P}(X_m = 0) \to 1 - \mathbb{E}[X_0]/N$ も従う． ∎

壺の石がいつか黒または白一色になることがわかった．どちらの色になるかは，最初の黒石の個数の期待値で決まる．長期的に見ても，最初の黒石の個数に依存しているのである．黒石，白石の従う確率分布のヒストグラムを描いたものが図 4.2 である．初期値は $X_0 = 45$ である．次第に両端の値 $0, N = 100$ に収束していく様子が見える．上の定理から，最終的に 0 の値を取る確率が $1 - \mathbb{E}[X_0]/N = 55\%$, N の値を取る確率が $\mathbb{E}[X_0]/N = 45\%$ である．世代 $m = 250$ で多様性はほぼ消失している．長期的に初期値に依存する振る舞いは，マルコフ連鎖では典型的である．次の節では，長期的には初期値に依存しない例もあつかう．

> 注 ここでいう依存性は，確率分布としての意味である．X_m の値としては，0 か N なので，X_0 の値に関わりがなく見える．しかし 0 を取るか N を取るかの確率が X_0 の従う確率分布に依存しているのである．

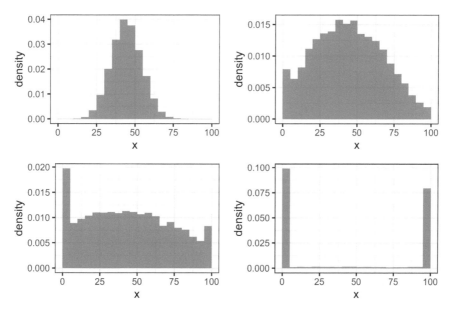

図 4.2　確率変数 X_5（左上），X_{20}（右上），X_{40}（左下），X_{250}（右下）の周辺分布のヒストグラム．最初は初期値 $X_0 = 45$ 近傍に分布するが，徐々に $\{0, N\}$ のいずれかの値を取りはじめ，X_{250} では高確率で $X_{250} = 0$ か N である．

➤ 4.2　自己回帰過程

実数 μ, α, x_0 および正の実数 σ を定める．初期値 $X_0 = x_0$ に対し，$m = 0, 1, \ldots$ として

$$X_{m+1} = \mu + \alpha(X_m - \mu) + W_{m+1} \tag{4.1}$$

と定める．ただし，$W_1, W_2, \ldots$ は独立で $\mathcal{N}(0, \sigma^2)$ に従う．確率変数列 $X_0, X_1, \ldots$ を（ガウス型）**自己回帰過程**（Autoregressive process）という．とくに $\alpha = 1$ としたものを**ランダムウォーク**（Random walk）という．この確率変数列もやはりマルコフ連鎖である．

上の式から

$$\begin{aligned}
X_m - \mu &= \alpha(X_{m-1} - \mu) + W_m \\
&= \alpha^2(X_{m-2} - \mu) + \alpha W_{m-1} + W_m \\
&= \cdots \\
&= \alpha^m(x_0 - \mu) + \sum_{n=0}^{m-1} \alpha^n W_{m-n}
\end{aligned} \tag{4.2}$$

を得る．正規分布の再生性より，次の定理を得る．

定理 4.2　自己回帰過程

m は正の整数，x_0 は実数とする．$X_0 = x_0$ であるとき，X_m は $\mathcal{N}(\mu_m, \sigma_m^2)$ に従う．ただし，

$$\mu_m = \mu + \alpha^m(x_0 - \mu), \quad \sigma_m^2 = \sum_{n=0}^{m-1} \alpha^{2n}\sigma^2. \tag{4.3}$$

任意の m について，$X_0 = x$ のもとでの X_m の従う確率分布が正規分布 $\mathcal{N}(\mu_m, \sigma_m^2)$ であることを示した．この確率変数列の極限 $m \to \infty$ も見てみよう．実数 α が極限の振る舞いを特徴づける．もし実数 α が $|\alpha| < 1$ なら，

$$\mu_m \xrightarrow{m \to \infty} \mu, \quad \sigma_m^2 \xrightarrow{m \to \infty} \sum_{n=0}^{\infty} \alpha^{2n}\sigma^2 = \frac{\sigma^2}{1 - \alpha^2}$$

となり，練習問題 4.7 より，X_m の従う分布は $\mathcal{N}(\mu, \sigma^2/(1 - \alpha^2))$ へ収束する．よって，$|\alpha| < 1$ なら，平均，分散の極限は初期値 x_0 に依存しない（図 4.3 左上）．

一方，$\alpha = 1$ ならランダムウォークであり，$\mathbb{E}[X_m] = \mu_m = x_0$ となる．したがって，初期値依存性が長期的に消えない（図 4.3 右上）．また，$\alpha = -1$ なら

$$\mu_m = \begin{cases} x_0 & \text{if } m \text{ even} \\ 2\mu - x_0 & \text{if } m \text{ odd} \end{cases}$$

となる．整数 m が奇数か偶数かによって期待値 $\mathbb{E}[X_m]$ は変わり，しかもその値は初期値依存である（図 4.3 左下）．いずれにせよ $|\alpha| = 1$ なら X_m の分散は

$$\sigma_m^2 = m\sigma^2$$

となり，$m \to \infty$ なる極限において発散する．さらに $|\alpha| > 1$ となると，$x_0 \neq \mu$ なら平均も発散する（図 4.3 右下）．

ここで，観測が自己回帰過程に従うときのパラメータ推定を考えよう．この例のあとからは，マルコフ連鎖はもっぱらモンテカルロ法としてのツールとしてあらわれる．本書でマルコフ連鎖が観測としてあらわれるのはこの例が最後である．

例 4.1

正の整数 N，正の実数 σ を用意する．実数 α, β は未知で，$\theta = (\alpha, \beta)$ とする．また，x_0 は与えられた実数とする．このとき，$n = 1, \ldots, N$ で

$$x_n | x_{n-1}, \theta \sim \mathcal{N}(\alpha\, x_{n-1} + \beta, \sigma^2)$$

なるモデルを考える．これは自己回帰過程であり，実際，$\beta = \mu - \alpha\mu$ とすれば (4.1) の表記と一致する．こちらの表記のほうが事後分布の計算がしやすい．観測をまとめ

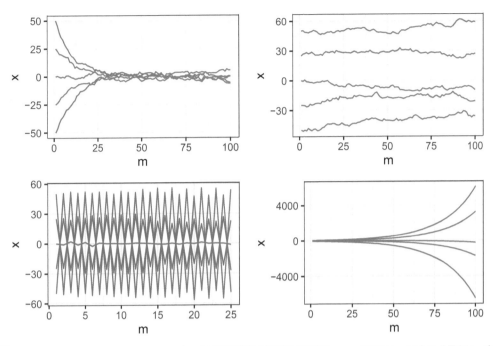

図 4.3　五つの初期値 $x_0 = 0, \pm 25, \pm 50$ による自己回帰過程の長期的振る舞い．α の値によって大きく異なる．左上：$\alpha = 0.9$，右上：$\alpha = 1$，左下：$\alpha = -1$，右下：$\alpha = 1.05$.

て x^N と書く．尤度を計算すると

$$p(x^N|\theta) = \prod_{n=1}^{N} \frac{1}{\sqrt{2\pi\sigma^2}} \exp\left(-\frac{1}{2\sigma^2}(x_n - \alpha x_{n-1} - \beta)^2\right)$$

である．計算の簡単のため，θ にラプラスによる客観事前分布のアイデアを置くと

$$p(\theta|x^N) \propto p(x^N|\theta)$$

$$\propto \exp\left(-\frac{1}{2\sigma^2}\sum_{n=1}^{N}(x_n - \alpha x_{n-1} - \beta)^2\right)$$

となる．指数関数の中身の和の部分を取り出し，展開すると

$$\sum_{n=1}^{N}(x_n - \alpha x_{n-1} - \beta)^2 = \alpha^2 \sum_{n=1}^{N} x_{n-1}^2 + 2\alpha\beta \sum_{n=1}^{N} x_{n-1} + N\beta^2$$

$$- 2\alpha \sum_{n=1}^{N} x_n x_{n-1} - 2\beta \sum_{n=1}^{N} x_n + C$$

となる．ただし，C は θ に依存しない定数である．以上により事後分布の指数の部分が α, β の二次の多項式であることがわかる．したがって事後分布は α, β の二次元正規

分布である．多次元正規分布の平均と分散の表現はやや煩雑なので，α で条件づけた β の分布と，α の周辺分布をみよう．それぞれは一次元の正規分布になる．パラメータ β に関して平方完成すると

$$N \left(\beta - \frac{\sum_{n=1}^{N} x_n - \alpha \sum_{n=1}^{N} x_{n-1}}{N} \right)^2$$

$$+ \alpha^2 \sum_{n=1}^{N} \left(x_{n-1} - \frac{\sum_{m=1}^{N} x_{m-1}}{N} \right)^2$$

$$- 2\alpha \sum_{n=1}^{N} \left(x_n - \frac{\sum_{m=1}^{N} x_m}{N} \right) \left(x_{n-1} - \frac{\sum_{m=1}^{N} x_{m-1}}{N} \right) + D$$

となる．ただし，D は θ に依存しない定数である．この式から

$$\beta | \alpha \sim \mathcal{N} \left(\frac{\sum_{n=1}^{N} x_n - \alpha \sum_{n=1}^{N} x_{n-1}}{N}, \frac{\sigma^2}{N} \right),$$

$$\alpha \sim \mathcal{N}(\mu_N, \sigma_N^2)$$

となる．ただし，

$$\mu_N = \frac{\sum_{n=1}^{N} \left(x_n - \frac{\sum_{m=1}^{N} x_m}{N} \right) \left(x_{n-1} - \frac{\sum_{m=1}^{N} x_{m-1}}{N} \right)}{\sum_{n=1}^{N} \left(x_{n-1} - \frac{\sum x_{n-1}}{N} \right)^2},$$

$$\sigma_N^2 = \sigma^2 \left\{ \sum_{n=1}^{N} \left(x_{n-1} - \frac{\sum_{m=1}^{N} x_{m-1}}{N} \right)^2 \right\}^{-1}$$

である．

一般には初期値 x_0 も分布する．$|\alpha| < 1$ のとき

$$X_0 \sim \mathcal{N} \left(\mu, \frac{\sigma^2}{1 - \alpha^2} \right)$$

としたとき，$X_0, X_1, \ldots$ を**定常 (Stationary)** な自己回帰過程という．この呼称は以下の性質，**定常性 (Stationarity)** から来る．なお，下記の意味の定常性はしばしば，**強定常性 (Strong stationarity)** と呼ばれることもある．少し練習しておこう．

定理 4.3　定常な自己回帰過程

定常な自己回帰過程は任意の正の整数 m について

$$(X_n, \ldots, X_{n+m-1})$$

の結合分布が正の整数 n に依存しない.

証明　自己回帰過程の作り方から，結合分布は多変量正規分布に従う．平均ベクトルは

$$\mathbb{E}[X_n], \ldots, \mathbb{E}[X_{n+m-1}] \tag{4.4}$$

を並べた m 次元ベクトルであり，分散共分散行列は

$$\text{Cov}(X_{n+p}, X_{n+q}) \ (p, q = 0, \ldots, m-1) \tag{4.5}$$

で構成される $m \times m$ 行列である．多変量正規分布は平均ベクトルと分散共分散行列で特徴づけられる．だから，結合分布が n によらないことを示すには，これらの平均と共分散が n によらないことを示せばいい．平均は式 (4.2) の両辺の期待値を取れば

$$\mathbb{E}[X_m - \mu] = \alpha^m \mathbb{E}[X_0 - \mu] = 0$$

と計算できる．したがって X_m の期待値はすべて μ となる．とくに，指数 m に依存しないのだから，(4.4) で作られるベクトルは n に依存しない.

分散共分散行列についてはまず (4.5) の $p = q$ の場合，すなわち分散を調べよう．$X_1 = \mu + \alpha(X_0 - \mu) + W_1$ と正規分布の再生性から，

$$\text{Var}(X_1) = \alpha^2 \ \text{Var}(X_0) + \sigma^2$$

を得る．一方，仮定から $\text{Var}(X_0) = \sigma^2/(1-\alpha^2)$ となるので，$\text{Var}(X_1) = \sigma^2/(1-\alpha^2)$ である．次に X_1 の分散を使って X_2 を計算し，この議論を続けていくと帰納的に $\text{Var}(X_m) = \sigma^2/(1-\alpha^2)$ が示される．だから，(4.5) の $p = q$ のケースが n に依存しないことが示せた.

最後に (4.5) の $p \neq q$ のケースを考えよう．任意の k について

$$\text{Cov}(X_m, X_{m+k}) = \mathbb{E}[(X_m - \mu)(X_{m+k} - \mu)]$$

となる．ここで式 (4.2) と同じようにして

$$X_{m+k} - \mu = \alpha^k(X_m - \mu) + \sum_{i=0}^{k-1} \alpha^i W_{m+k-i}$$

を得る．X_m と $W_{m+1}, \ldots, W_{m+k}$ は独立だから，

$$\text{Cov}(X_m, X_{m+k}) = \alpha^k \mathbb{E}[(X_m - \mu)^2] = \alpha^k \text{Var}(X_m) = \alpha^k \frac{\sigma^2}{1-\alpha^2}$$

となり，m によらず，k にのみ依存する．したがって (4.5) の共分散は $q - p$ にのみ依存して，とくに n に依存しない．以上より，結合分布が n に依存しないことが示された． ■

確率変数の列 $X_0, X_1, \ldots$ について，非負の整数 k, l に対し，

$$\alpha(k, l) := \mathrm{Cor}(X_k, X_l) = \frac{\mathrm{Cov}(X_k, X_l)}{\sqrt{\mathrm{Var}(X_k)\,\mathrm{Var}(X_l)}}$$

を時刻 k, l の**自己相関 (Autocorrelation)** という．自己相関は，コーシー・シュワルツの不等式から，絶対値が必ず 1 以下である．定常な自己回帰過程なら，時刻 $n, n + k$ の自己相関は

$$\alpha(n, n+k) = \alpha(0, k) = \alpha^k$$

となる．時間間隔 k を**ラグ (Time lag)** という．自己相関を観測から推定してみよう．定常性から，

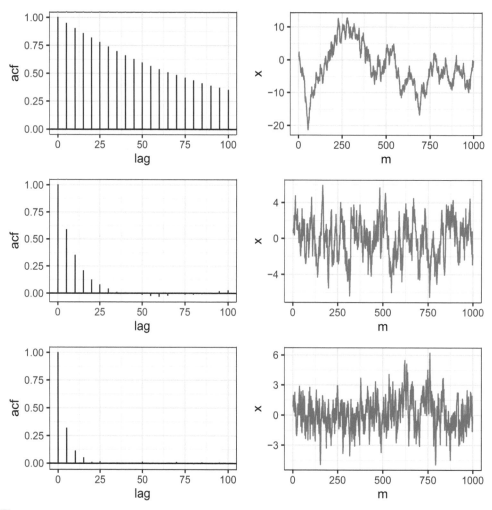

図 4.4 一番上の一列は $\alpha = 0.99$ としたもの，二列目は $\alpha = 0.9$, 三列目は $\alpha = 0.5$ としたもの．いずれも左図は自己回帰過程の自己相関の推定量の描画．x 軸はラグ．右図はマルコフ連鎖の系列の図である．

平均 $\mathbb{E}[X_n]$ と分散 $\mathrm{Var}(X_n)$ は，指数 n に依存しない．だから，平均，分散は

$$\overline{X}_N := \frac{1}{N} \sum_{n=0}^{N-1} X_n, \quad \frac{1}{N} \sum_{n=0}^{N-1} (X_n - \overline{X}_N)^2$$

が良い推定量になっている．一方，$\mathrm{Cov}(X_n, X_{n+k})$ も指数 n に依存しないから，

$$\frac{1}{N-k} \sum_{n=0}^{N-k-1} (X_n - \overline{X}_N)(X_{n+k} - \overline{X}_N)$$

が良い近似であることが期待される．だから，$\alpha(0,k) = \mathrm{Cor}(X_0, X_k)$ は

$$\frac{\frac{1}{N-k} \sum_{n=0}^{N-k-1} (X_n - \overline{X}_N)(X_{n+k} - \overline{X}_N)}{\frac{1}{N} \sum_{n=0}^{N-1} (X_n - \overline{X}_N)^2}$$

でよく推定できる．R では関数 acf によって自己相関の推定値を導出できる．図 4.4 は自己回帰過程で三つのケース $\alpha = 0.99, 0.9, 0.5$ のそれぞれで $\mu = 0, \sigma = 1$ として描画したものである．自己回帰過程の自己相関は単調減少のはずだが，推定値であるので 0 の近傍での増減がある．自己相関の収束の様子も α が大きいと遅く，小さいと早くなることが見て取れる．なぜなら，$\alpha(0,k) = \alpha^k$ だからだ．

➤ 4.3 マルコフ連鎖

4.3.1 マルコフカーネル

マルコフ連鎖とは，独立同分布を拡張したものである．各 $m = 0, 1, 2, \ldots$ に対して，状態空間 E 上に定義された確率変数 X_{m+1} が X_m の条件つき確率

$$\mathbb{P}(X_{m+1} \in A | X_m = x) = P(x, A)$$

で生成される．ここで書いた集合 A は集合 E の部分集合である．条件つき確率を定める関数 $P(x, \cdot)$ を**マルコフカーネル** (Markov kernel or Probability transition kernel) という．$P(x, \cdot)$ は x を止めるごとに確率分布であり，x を引数として持ち，値を確率分布として持つ関数ということができる．

マルコフカーネル $P(x, \cdot)$ は各 x に対し，確率関数や確率密度関数を持つことがある．確率関数を持つ例としてライト・フィッシャーモデル（第 4.1 節），確率密度関数を持つ例として自己回帰過程（第 4.2 節）がある．

例 4.2 ライト・フィッシャーモデルの $P(x, \cdot)$ は二項分布 $\mathcal{B}(N, x/N)$ であり，したがって確率関数

$$p(x, y) = \binom{N}{y} \left(\frac{x}{N}\right)^y \left(1 - \frac{x}{N}\right)^{N-y} \quad (x, y = 0, 1, \ldots, N)$$

を持つ．

例 4.3 自己回帰過程は

$$P(x, \cdot) = \mathcal{N}(\mu + \alpha(x - \mu), \sigma^2) \ (-\infty < x < \infty)$$

となり，確率密度関数

$$p(x, y) = \frac{1}{\sqrt{2\pi\sigma^2}} \exp\left(-\frac{(y - \mu - \alpha(x - \mu))^2}{2\sigma^2}\right) \ (-\infty < x, y < \infty)$$

を持つ．

　一方，あとで見るマルコフ連鎖モンテカルロ法のマルコフカーネルの多くが確率関数や確率密度関数では書き下せない．以下の $\mathbb{R}_+$ 上のランダムウォークもそのような例の一つである．

例 4.4 一次元のマルコフ連鎖 X_m は $X_0 \in [0, \infty)$ および

$$X_{m+1} = \max\{0, X_m + W_{m+1}\} \ (m = 0, 1, 2, \dots)$$

で定まるとする．ただし，W_m は独立で，累積分布関数 $G(x) = \mathbb{P}(W_m \le x) \ (-\infty < x < \infty)$ を持つとする．これを $\mathbb{R}_+$ 上のランダムウォークということにしよう．ただし，$\mathbb{R}_+$ とは $[0, \infty)$ のことをあらわす．状態空間は $E = \mathbb{R}_+$ である．

　この場合，マルコフカーネルの累積分布関数を $F(x, y) = \mathbb{P}(X_1 \le y | X_0 = x)$ と書くと，

$$
\begin{aligned}
F(x, y) &= \mathbb{P}(X_1 \le y | X_0 = x) \\
&= \mathbb{P}(X_0 + W_1 \le y | X_0 = x) \\
&= \mathbb{P}(W_1 \le y - x) \\
&= G(y - x) \ (y > 0)
\end{aligned}
$$

となる．また，

$$
\begin{aligned}
F(x, 0) &= \mathbb{P}(X_1 \le 0 | X_0 = x) \\
&= \mathbb{P}(X_0 + W_1 \le 0 | X_0 = x) \\
&= \mathbb{P}(W_1 \le -x) \\
&= G(-x).
\end{aligned}
$$

ここで $F(x, 0) = \mathbb{P}(X_1 \le 0 | X_0 = x) = \mathbb{P}(X_1 = 0 | X_0 = x)$ である．もし G が確率密度関数を持っても，$X_0 = x$ のもと，X_1 の従う確率分布は一般に確率密度関数を持たない．なぜなら，確率密度関数を持つなら，$X_0 = x$ のとき X_1 がちょうど 0 になる確率 $G(-x)$ は 0 となる必要があるからだ．

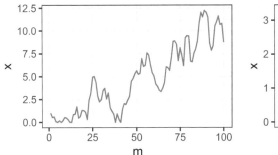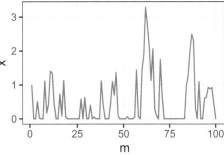

図 4.5　$\mathbb{R}_+$ 上のランダムウォークの経路．左図は $G = \mathcal{N}(0,1)$ としたもの，右図は $G = \mathcal{N}(-0.5, 1)$ としたもの．原点へ の戻りやすさが違うから，二つの経路は大きく異なる．

　関数 $f(x)$ を用意する．確率変数 $f(X_{m+1})$ の $X_m = x$ での条件つき期待値は，関数 f の，確率分 布 $P(x, \cdot)$ の期待値になる．だから，$P(x, \cdot)$ が確率関数 $p(x, y)$ を持つなら，

$$\mathbb{E}[f(X_{m+1})|X_m = x] = \sum_{y \in E} f(y)p(x, y)$$

となる．確率密度関数を持つなら

$$\mathbb{E}[f(X_{m+1})|X_m = x] = \int_E f(y)p(x, y)\mathrm{d}y$$

となる．$P(x, \cdot)$ が確率関数や確率密度関数を持たない $\mathbb{R}_+$ 上のランダムウォーク（例 4.4）の場合はど うなるだろうか．確率分布 G が確率密度関数 $g(x)$ を持つとしよう．このとき，$\max\{0, x + W_{m+1}\}$ が 0 になるか，そうでないかで場合分けて，

$$\mathbb{E}[f(X_{m+1})|X_m = x] = \mathbb{E}[f(\max\{0, x + W_{m+1}\})|X_m = x]$$
$$= f(0)G(-x) + \int_{-x}^{\infty} f(x + w)g(w)\mathrm{d}w$$

となる．

◉ **4.3.2　マルコフ連鎖の同時分布**

　マルコフカーネルがあれば，条件つき同時分布を導出することができる．各 x に対し，$P(x, \cdot)$ が確 率関数 $p(x, y)$ を持つとしよう．このとき，$X_0 = x_0$ が与えられたもとでの $X_1, \ldots, X_m$ の条件つき 同時分布が与えられる．仕意の状態空間の要素 $x_1, \ldots, x_m$ に対し，

$$\mathbb{P}(X_m = x_m, X_{m-1} = x_{m-1}, \ldots, X_1 = x_1 | X_0 = x_0) = p(x_0, x_1) \cdots p(x_{m-1}, x_m)$$

となる．X_0 は確率分布 μ に従い，確率関数 $\eta(x)$ を持つとする．このとき，X_0 も含めた，$X_0, X_1, \ldots, X_m$ の同時分布は

$$\mathbb{P}(X_m = x_m, X_{m-1} = x_{m-1}, \ldots, X_1 = x_1, X_0 = x_0) = \eta(x_0)p(x_0, x_1) \cdots p(x_{m-1}, x_m)$$

となる．したがって，初期値も含めたマルコフ連鎖の同時分布は，マルコフカーネルと，X_0 の従う分布 μ で決まる．確率分布 μ を**初期分布 (Initial distribution)** という．

同様に，各 x に対し，$P(x, \cdot)$ が確率密度関数 $p(x, y)$ を持つなら，$X_0 = x_0$ が与えられたもとでの $X_1, \ldots, X_m$ の条件つき同時分布は，任意の E の部分集合 $A_1, \ldots, A_m$ に対し，

$$\mathbb{P}(X_m \in A_m, X_{m-1} \in A_{m-1}, \ldots, X_1 \in A_1 | X_0 = x_0)$$
$$= \int_{x_1 \in A_1, \ldots, x_m \in A_m} p(x_0, x_1) \cdots p(x_{m-1}, x_m) \mathrm{d}x_1 \cdots \mathrm{d}x_m$$

となる．初期分布 μ が確率密度関数 $\eta(x)$ を持つなら，X_0 も含めた，$X_0, X_1, \ldots, X_m$ の同時分布は

$$\mathbb{P}(X_m \in A_m, X_{m-1} \in A_{m-1}, \ldots, X_0 \in A_0)$$
$$= \int_{x_0 \in A_0, \ldots, x_m \in A_m} \eta(x_0)p(x_0, x_1) \cdots p(x_{m-1}, x_m) \mathrm{d}x_0 \mathrm{d}x_1 \cdots \mathrm{d}x_m$$

となる．

マルコフカーネルが確率関数も確率密度関数を持たない，一般の場合も同様である．マルコフカーネルから条件つき同時分布が構成できるし，初期分布と合わせて，初期値も含めた同時分布が得られる．

▶ 4.3.3　マルコフカーネルの作用

このように初期分布とマルコフカーネルがあれば，マルコフ連鎖の同時分布が決定できる．マルコフ連鎖の解析では，任意の正の整数 m に対する X_m の周辺分布が重要であり，それも同時分布から求めることができる．しかしその表記は和や積分の繰り返しで表現され，簡単ではない．だから特別に正の整数 m と E の部分集合 A，および E の元 x に対し，

$$\mathbb{P}(X_m \in A | X_0 = x) = P^m(x, A)$$

と書く．これは $X_0 = x$ の条件づけた X_m の従う確率分布が $P^m(x, \cdot)$ であるということだ．また，$m = 0$ のときは

$$P^0(x, A) = \delta_x(A) = \begin{cases} 1 & x \in A \\ 0 & x \notin A \end{cases} \tag{4.6}$$

とする．非負の整数 m に対し，P^m もマルコフカーネルである．また，初期分布が μ に従うときの X_m の周辺分布を μP^m と書く．すなわち，

$$\mathbb{P}(X_m \in A) = (\mu P^m)(A).$$

ただし，μP^1 は単に μP と書く．このようにしてできた μP^m は確率分布になる．だから，P は確率分布 μ を確率分布 μP に移す作用と捉えられる．また，

$$\mu P^{m+n} = (\mu P^m)\, P^n$$

である．すなわち，初期分布が μ であるときの X_{m+n} の周辺分布と，初期分布が μP^m であるときの X_n の周辺分布は等しい．これを**チャップマン・コルモゴロフ (Chapman–Kolmogorov) の等式**という．

先に述べたように，$P^m(x,\cdot)$ は一般に簡単な表記ができないが，例外もある．

例 4.5 自己回帰過程なら

$$P^m(x,\cdot) = \mathcal{N}(\mu_m, \sigma_m^2)$$

である．ただし，μ_m, σ_m^2 は (4.3) で定義されているものである．

次の例は $P(x,\cdot)$ が正規分布で書けるものの，$P^2(x,\cdot)$ は複雑で積分として表記するしかない．

例 4.6 実数 α, β および正の実数 σ を定める．$\alpha^2 + \beta^2\sigma^2 \neq \alpha$ とする．初期値 $X_0 = x_0$ にたいし，$m = 0, 1, \ldots$ として

$$X_{m+1} = \alpha X_m + \beta X_m W_{m+1} + W_{m+1} \tag{4.7}$$

なる非線形なモデルを考えよう．ただし，$W_1, W_2, \ldots$ は独立で $\mathcal{N}(0, \sigma^2)$ に従う．この場合，マルコフカーネルは

$$P(x,\cdot) = \mathcal{N}(\alpha x, (1+\beta x)^2\sigma^2)$$

で定まる．定義式は自己回帰過程と少し違うだけだが，振る舞いはかなり違う．たとえば $P(x,\cdot)$ は正規分布だが，$\beta \neq 0, x \neq 0$ なら $P^2(x,\cdot)$ はもはや正規分布ではない．

自己回帰過程のように，長期的な振る舞いを検討してみよう．まず，$X_0 = x$ であるとき

$$\mathbb{E}[X_1|X_0=x] = \alpha x,\ \mathbb{E}[X_1^2|X_0=x] = \alpha^2 x^2 + (1+\beta x)^2\sigma^2 \tag{4.8}$$

となる．したがって，うまく計算すれば，

$$\mathbb{E}[X_1^2 + \delta X_1|X_0=x] = \sigma^2 + \gamma(x^2 + \delta x)$$

となるのがわかるはずだ．ただし，$\gamma = \alpha^2 + \beta^2\sigma^2$ および $\delta = 2\beta\sigma^2/(\gamma - \alpha)$ である．この関係式を再帰的に使えば

$$\mathbb{E}[X_m^2 + \delta X_m|X_0=x] = \sigma^2 + \gamma\, \mathbb{E}[X_{m-1}^2 + \delta X_{m-1}|X_0=x]$$
$$= \cdots = \sum_{i=0}^{m-1} \gamma^i\sigma^2 + \gamma^m\, (x^2 + \delta x)$$

である．だから，$X_m^2 + \delta X_m$ の期待値が発散しないためには $\gamma = \alpha^2 + \beta^2\sigma^2 < 1$ が必要十分だ．なお，$X_m^2 + \delta X_m$ の期待値が発散しないこととと X_m^2 の期待値が発散しないことは同じことである．自己回帰過程の場合は，X_m^2 の期待値が発散しないための条件は $\alpha^2 < 1$ だった．それよりよりやや厳しい条件が必要だ．

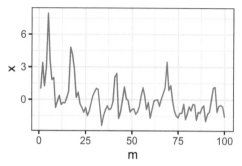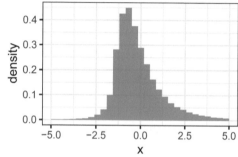

図 4.6　例 4.6 で定義されたマルコフ連鎖の経路（左図）と X_{100} のヒストグラム（右図）．初期値は $X_0 = 0$，パラメータ を $\alpha = 1/2, \beta = 2/3, \sigma = 1$ とした．X_{100} のヒストグラムは極限の分布のヒストグラムに十分近い．正規分布とは 形状が異なり，やや中心が左にずれ，右側に裾が長い．

➤ 4.4　不変性と特異性

4.4.1　不変性

　これから少し，マルコフ連鎖の長期的振る舞い，すなわち $m \to \infty$ としたときの振る舞いを調べて みよう．マルコフ連鎖の振る舞いは今述べたように初期分布に依存するが，その依存度は m とともに どのように変化するだろうか．

　自己回帰過程の $|\alpha| < 1$ の場合のように，X_m に極限の分布があるとし，これを Π と書こう．する と，m が十分大きければ X_m の従う確率分布も X_{m+1} の従う確率分布も Π に近いはずである．究極 的には，X_m も X_{m+1} も Π に従う．だから，あらためて Π を初期分布，すなわち X_0 の従う分布と するなら，X_1 の従う確率分布もまた Π である．なぜなら，マルコフ連鎖であるなら，X_m と X_{m+1} の関係と X_0 と X_1 の関係に区別がないからだ．このように，X_0 と X_1 の従う分布が同じになるよう な確率分布 Π を**不変確率分布**（Invariant probability measure）という．あらためて定義の形に しておこう．

定義 4.1　不変確率分布

　確率分布 Π で，X_0 が Π に従うとき X_1 も Π に従うなら，Π をマルコフカーネル P の不 変確率分布という．このとき P を Π-**不変**という．

　マルコフカーネルと確率分布を使った書き方では，

$$\Pi = \Pi P$$

ということである．もし P が Π-不変で，X_0 が Π に従うなら，X_m の従う分布 ΠP^m は，チャップ マン・コルモゴロフの等式から

$$\Pi P^m = (\Pi P)P^{m-1} = \Pi P^{m-1} = \cdots = \Pi \tag{4.9}$$

となる．したがって，すべての m に対し X_m は Π に従うことになる．だから，確率分布が m に依存せず，不変である．

例 4.7 ▶ 自己回帰過程（第 4.2 節）の例を考えよう．$|\alpha| < 1$ のとき，

$$\Pi = \mathcal{N}\left(\mu, \frac{1}{1 - \alpha^2}\sigma^2\right)$$

とする．すると $X_0 \sim \Pi$ であるなら，正規分布の再生性から，

$$X_1 = \mu + \alpha(X_0 - \mu) + W_1 \sim \Pi.$$

したがって Π は不変確率分布である．この計算はすでに定常な自己回帰過程の議論（定理 4.3）で出てきたものだ．

一方，$|\alpha| \geq 1$ のときはどうなるだろうか．分布の性質をあつかうので，ここでは特性関数が便利である．簡単のため，$\mu = 0$ としよう．これは X_m の代わりに $X_m - \mu$ を考えれば良いから，問題の制限にはならない．不変確率分布があるなら，対応する特性関数 ψ がある．一般に，特性関数は絶対値が 1 以下の値を取る複素数値連続関数で，$\psi(0) = 1$ を満たすことに注意しよう．

さて，不変確率分布があるなら，それを初期分布とすると，$X_0, X_1, \ldots$ すべてが不変確率分布に従うのだった．だから，

$$\mathbb{E}[\exp(iuX_m)] = \psi(u) \ (m = 0, 1, 2 \ldots)$$

である．また，正規分布 $\mathcal{N}(0, \sigma^2)$ の特性関数が

$$\mathbb{E}[\exp(iuW_m)] = \exp(-u^2\sigma^2/2)$$

であることを思い出そう．すると $\mu = 0$ の仮定から

$$X_1 = \alpha X_0 + W_1$$

であり，当然，両辺それぞれの従う確率分布は等しい．両辺の特性関数を考えると，X_0 と W_1 の独立性から

$$\begin{aligned}
\psi(u) &= \mathbb{E}[\exp(iuX_1)] \\
&= \mathbb{E}[\exp(iu(\alpha X_0 + W_1))] \\
&= \mathbb{E}[\exp(iu\alpha X_0) \ \exp(iuW_1))] \\
&= \mathbb{E}[\exp(iu\alpha X_0)] \ \mathbb{E}[\exp(iuW_1))] \\
&= \psi(\alpha u) \exp(-u^2\sigma^2/2)
\end{aligned} \tag{4.10}$$

である．u と $\alpha^{-1}u$ を入れ替えて，指数関数の部分を移項すると

$$\psi(u) = \psi(\alpha^{-1}u) \exp(\alpha^{-2}u^2\sigma^2/2)$$
$$= \cdots$$
$$= \psi(\alpha^{-m}u) \exp\left(\sum_{n=1}^{m} \alpha^{-2n}u^2\sigma^2/2\right).$$

したがって，$|\alpha| > 1$ なら $m \to \infty$ として

$$\psi(u) = \psi(0) \exp\left(\frac{1}{\alpha^2-1}u^2\sigma^2/2\right) = \exp\left(\frac{1}{\alpha^2-1}u^2\sigma^2/2\right)$$

となる．ここで $\psi(0) = 1$ を使った．右辺は $u \neq 0$ なら 1 より大きいから，特性関数の絶対値が 1 以下であることに反する．したがって，この場合，不変確率分布は存在しえない．

一方，$\alpha = 1$ とすると，先程の式 (4.10) から

$$\psi(u) = \psi(u) \exp(-u^2\sigma^2/2)$$

となる．$u \neq 0$ なら，この式を満たすのは $\psi(u) = 0$ のときに限る．しかしこのとき，関数 ψ の連続性から，$\psi(0) = 0$ にもなってしまう．これは特性関数の性質 $\psi(0) = 1$ に矛盾する．だから，やはりこの場合も不変確率分布は存在しない．$\alpha = -1$ のときも同様にして矛盾を示せる．したがって一次元で自己回帰過程が不変確率分布を持つのは $|\alpha| < 1$ のときに限る．

定義 4.2　定常性

確率変数列 $(X_0, X_1, \ldots)$ は任意の正の整数 m について

$$(X_n, X_{n+1}, \ldots, X_{n+m-1})$$

の結合分布が正の整数 n に依存しないとき，**定常 (Stationary)** であるという

マルコフ連鎖は X_0 の振る舞いが決まれば $X_0, X_1, \ldots$ の振る舞いが決まるし，X_n の振る舞いが決まれば $X_n, X_{n+1}, \ldots$ の振る舞いが決まる．だから，定常であるとは，X_0 と，すべての n について X_n の従う確率分布が同じであることと同値である．マルコフ連鎖であれば，P が Π-不変であり，X_0 が Π に従うなら定常である．なぜなら，すべての n について，X_n の従う確率分布は ΠP^n になるのだが，(4.9) より $\Pi = \Pi P^n$ だからである．

自己回帰過程では不変確率分布は存在すれば一意であった．一般には必ずしもそうではない．

例 4.8　ライト・フィッシャーモデル（第 4.1 節）を考える．ライト・フィッシャーモデルでは先に見たように

$$\mathbb{E}[X_{m+1}(N - X_{m+1})] = (1 - N^{-1})\mathbb{E}[X_m(N - X_m)]$$

が成り立つ．また，X_0 が不変確率分布に従うとすると，X_{m+1} と X_m の従う確率分布は等しいから

$$\mathbb{E}[X_{m+1}(N - X_{m+1})] = \mathbb{E}[X_m(N - X_m)]$$

も成り立つはずである．両方の式が成り立つには $N = 1$ か，$\mathbb{E}[X_m(N - X_m)] = 0$ である必要がある．$N = 1$ なら X_m は 0 か 1 の値を取るから，いずれにせよ $\mathbb{E}[X_m(N - X_m)] = 0$ となる必要がある．指数 m を遡っていくと，

$$\mathbb{E}[X_0(N - X_0)] = 0$$

を得る．したがって，$X_0 \in \{0, N\}$ に限る．一方で $X_0 = 0$，もしくは $X_0 = N$ ならそのあとの状態はまったく変化しないので，したがって $\{0, N\}$ にのみ値を取る確率分布であれば，どんなものでも不変確率分布になる．

　上で見たように，ライト・フィッシャーモデルでは不変確率分布はいつも複数存在する．では，マルコフカーネルがどのようなときに不変確率分布が一意になるのだろうか．確率分布の**特異性 (Singularity)** が鍵である．

4.4.2　特異性

定義 4.3　特異性

　二つの確率分布 P, Q に対し，ある集合 A があって，

$$P(A) = 0, Q(A^c) = 0$$

となるとき，P と Q は**互いに特異 (Mutually singular)** であるといい，$P \perp Q$ と書く．また互いに特異でないとき $P \not\perp Q$ と書く．

　なお，P が確率密度関数 $p(x)$ を持つとき，

$$P(A) = \int_A p(x)\mathrm{d}x$$

であり，P が確率関数 $p(x)$ を持つときは

$$P(A) = \sum_{x \in A} p(x)$$

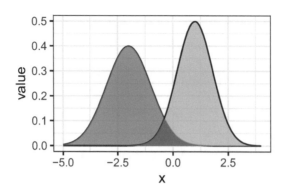

図 4.7　P, Q 二つの確率分布の確率密度関数をプロットしたもの．左に位置するのが P の，右に位置するのが Q の確率密度関数．赤い領域があれば P, Q は互いに特異ではない．

となることを，いま一度注意しよう．

　互いに特異である状況を理解するには，確率関数より確率密度関数を考えるとわかりやすい．図 4.7 のように，P, Q 二つの分布の確率密度関数をプロットする．その両方の確率密度関数の下側に含まれる領域，赤い領域が存在するとき，$P \not\perp Q$ となる．一方，そうした赤い領域が存在しないときに $P \perp Q$ となる．

　この赤い領域の面積をあらわす記号を用意しよう．P, Q に確率密度関数 $p(x), q(x)$ があるとき，

$$\|P - Q\|_{\mathrm{TV}} = \frac{1}{2} \int_E |p(x) - q(x)| \mathrm{d}x$$

を $P - Q$ の**全変動 (Total variation)** という．全変動 $\|P - Q\|_{\mathrm{TV}}$ の二倍は，関数 $|p(x) - q(x)|$ すなわち $p(x)$ と $q(x)$ の違いを積分したものだから，図 4.7 で考えると，$p(x), q(x)$ の下側の領域のうち，青い領域と緑の領域の面積の和である．すなわち，

$$2\|P - Q\|_{\mathrm{TV}} = 青い領域の面積 + 緑の領域の面積.$$

ここで $p(x), q(x)$ それぞれは確率密度関数だから，それぞれの下側の領域の面積はともに 1 である．すなわち，

$$1 = 青い領域の面積 + 赤い領域の面積$$
$$1 = 緑の領域の面積 + 赤い領域の面積$$

である．だから，

$$青い領域の面積 = 緑の領域の面積 = \|P - Q\|_{\mathrm{TV}}$$

となる．よって

$$赤い領域の面積 = 1 - \|P - Q\|_{\mathrm{TV}}$$

である．$P \perp Q$ と赤い領域の面積が 0 であること，すなわち $\|P - Q\|_{\mathrm{TV}} = 1$ であることは同値である．同じことだが，$P \not\perp Q$ と $\|P - Q\|_{\mathrm{TV}} < 1$ は同値である．

> **注** 確率分布に対する確率密度関数とは，実は根底にある，ある測度に対して存在するものである．統計学の入門書では，根底にある測度は基本的にルベーグ測度である．一方，マルコフ連鎖モンテカルロ法のマルコフカーネル $P(x, \cdot)$ はルベーグ測度に対する確率密度関数を持たないのがふつうである．だから，$\|P(x, \cdot) - P(y, \cdot)\|_{\mathrm{TV}}$ は意味を持たないように感じられるかもしれない．しかし，ルベーグ測度に対する確率密度関数にこだわらなければ，任意の確率分布 P, Q の確率密度関数はいつでも存在する．上の説明はそのような確率密度関数に適用できる論理である．だから，$\|P(x, \cdot) - P(y, \cdot)\|_{\mathrm{TV}}$ も意味を持つ．

次の定理の条件 (4.11) にある積分は赤い領域の面積のことである．だから定理 4.4 のもと，P, Q が互いに特異ではないのは直感的には明らかだろう．

定理 4.4

状態空間 E 上に定義された確率分布 P, Q が確率密度関数 $p(x), q(x)$ を持つとき，

$$\int_E \min\{p(x), q(x)\}\mathrm{d}x > 0 \tag{4.11}$$

なら $P \not\perp Q$.

証明 仮定から，状態空間 E の任意の部分集合 A に対し，

$$\int_A \min\{p(x), q(x)\}\mathrm{d}x > 0, \quad \int_{A^c} \min\{p(x), q(x)\}\mathrm{d}x > 0$$

のどちらかは成り立つはずである．なぜなら，

$$0 < \int_E \min\{p(x), q(x)\}\mathrm{d}x = \int_A \min\{p(x), q(x)\}\mathrm{d}x + \int_{A^c} \min\{p(x), q(x)\}\mathrm{d}x$$

だからだ．一方，被積分関数を比べれば

$$P(A) = \int_A p(x)\mathrm{d}x \geq \int_A \min\{p(x), q(x)\}\mathrm{d}x,$$

$$Q(A^c) = \int_{A^c} q(x)\mathrm{d}x \geq \int_{A^c} \min\{p(x), q(x)\}\mathrm{d}x$$

だから $P(A) = Q(A^c) = 0$ となる集合 A は取れない．よって P, Q は互いに特異にならない．∎

P, Q の確率密度関数 p, q が連続関数で，ある点 x で $p(x), q(x) > 0$ となれば式 (4.11) が成り立つ．また，p, q のいずれかがいつも正であれば満たされる．P, Q が確率関数を持つ場合も同様である（練習問題 4.13）．

次に，互いに特異でないことと，不変確率分布の一意性の関係についての定理を紹介する．

定理 4.5

どんな x, y についても $P(x, \cdot) \not\perp P(y, \cdot)$, すなわち,

$$\mathbb{P}(X_1 \in A | X_0 = x) = \mathbb{P}(X_1 \in A^c | X_0 = y) = 0 \tag{4.12}$$

となる $A = A(x, y)$ がないなら, 不変確率分布は存在すれば一意.

証明は**カップリング** (Coupling theory) の議論を用いるため割愛する [*1]. 今までに紹介したライト・フィッシャーモデルや $\mathbb{R}_+$ 上のランダムウォークで $P(x, \cdot) \not\perp P(y, \cdot)$ か見てみよう.

例 4.9 ▶ 自己回帰過程ではマルコフカーネルは $P(x, \cdot) = \mathcal{N}(\mu + \alpha(x - \mu), \sigma^2)$ だった. したがって, $P(x, \cdot)$ は確率密度関数

$$p(x, z) = \frac{1}{\sqrt{2\pi\sigma^2}} \exp\left(-\frac{(z - \mu - \alpha(x - \mu))^2}{2\sigma^2}\right) \quad (-\infty < z < \infty)$$

を持つ. この確率密度関数は z に関する連続関数で, 任意の x, z について $p(x, z) > 0$ である. よって定理 4.4 から $P(x, \cdot) \not\perp P(y, \cdot)$ (定理 4.4 のあとの注意を参照).

例 4.10 ▶ 式 (4.7) で定義されるマルコフカーネル $P(x, \cdot)$ は確率密度関数

$$p(x, z) = \frac{1}{\sqrt{2\pi(1 + \beta^2 x^2)\sigma^2}} \exp\left(-\frac{(z - \alpha x)^2}{2(1 + \beta^2 x^2)\sigma^2}\right)$$

を持つ. この確率密度関数は z に関して連続で正の値を取るから, 自己回帰過程と同じく, 任意の x, y について $P(x, \cdot) \not\perp P(y, \cdot)$.

例 4.11 ▶ ライト・フィッシャーモデルでは

$$\mathbb{P}(X_1 = 0 | X_0 = 0) = 1, \ \mathbb{P}(X_1 = N | X_0 = N) = 1$$

だった. だからたとえば $A = \{N\}$ とすれば,

$$\mathbb{P}(X_1 \in A | X_0 = 0) = \mathbb{P}(X_1 \in A^c | X_0 = N) = 0$$

となり, (4.12) を満たす A が存在する. よって $P(0, \cdot) \perp P(N, \cdot)$. 一方で, 整数 x, y で $0 < x, y < N$ なら $P(x, \cdot) \not\perp P(y, \cdot)$ (練習問題 4.13).

[*1] 定理 4.5 は, あとでも紹介する, 「Kulik (2017)」定理 2.5.1 の主張に含まれている.

例 4.12 $\mathbb{R}_+$ 上のランダムウォークについて $G(x) > 0$ が任意の $x \in \mathbb{R}$ で成立するとする. すると,

$$\mathbb{P}(X_1 = 0|X_0 = x) = G(-x) > 0$$

が任意の $x \geq 0$ で言える. よって, 任意の $x, y \geq 0$ について $P(x, \cdot) \not\perp P(y, \cdot)$. なぜなら, A か A^c のいずれかは $\{0\}$ を含むから, $\mathbb{P}(X_1 \in A|X_0 = x) = 0$ かつ $\mathbb{P}(X_1 \in A|X_0 = y) = 0$ とはなりえないからだ.

より一般に, マルコフ連鎖に対して $P(x, \cdot) \not\perp P(y, \cdot)$ の十分条件を調べる. $P(x, \cdot)$ と $P(y, \cdot)$ での図 4.7 の赤い領域の面積を下から評価できればいい. 定理 4.4 を若干拡張したものである.

定理 4.6

状態空間 E のすべての点 x, y で $k(x, y) > 0$ となる関数 $k(x, y)$ があるとする. さらに, 任意の A について

$$\mathbb{P}(X_1 \in A|X_0 = x) \geq \int_A k(x, z)\mathrm{d}z$$

と書けるとき, どんな x, y についても $P(x, \cdot) \not\perp P(y, \cdot)$.

証明 仮定から, 任意の x, y について

$$\int_E \min\{k(x, z), k(y, z)\}\mathrm{d}z > 0$$

である. したがって, 任意の集合 A について

$$\int_A \min\{k(x, z), k(y, z)\}\mathrm{d}z > 0, \quad \int_{A^c} \min\{k(x, z), k(y, z)\}\mathrm{d}z > 0$$

のいずれかが成り立つから, 以下は定理 4.4 の証明と同様にして結論を得る. ■

➤ 4.5 エルゴード性とマルコフ連鎖モンテカルロ法

関数 $f(x)$ の確率分布 Π での積分を I と書く. 確率分布 Π が確率密度関数 π を持つなら

$$I = \int f(x)\pi(x)\mathrm{d}x$$

ということである. 次のことが知られている.

定理 4.7　ドゥーブ (Doob) の定理

　状態空間 E の任意の点 x, y について，$P(x, \cdot) \not\perp P(y, \cdot)$ とする．さらに不変確率分布 Π があるとする．すると，ほとんどすべての点 x に対し，$P^m(x, A)$ は $\Pi(A)$ に，集合 A について一様に収束する．さらに $X_0 = x$ として，大数の法則

$$\frac{1}{M} \sum_{m=0}^{M-1} f(X_m) \longrightarrow_{M \to \infty} I$$

が，右辺が存在する限り成立する．

　証明は次のように進む．$P(x, \cdot)$ と $P(y, \cdot)$ で作られる赤い領域の面積を考える．実は，$n = 1, 2, \ldots$ としたとき，$P^n(x, \cdot)$ と $P^n(y, \cdot)$ で作られる赤い領域の面積は，n について単調非減少，すなわち絶対に小さくならないことを簡単に示せる．赤い領域を収束の判断材料に使うのは，このためだ．定理の証明は，この赤い領域がどんどん大きくなり，100% の領域を占めることを示せば終了する．そうなれば $P^n(x, \cdot)$ と $P^n(y, \cdot)$ が，n についての極限で完全に一致することを意味するからだ．その極限が Π と一致することを見るのはたやすい．詳細は「Kulik (2017)」の定理 2.5.1 を参照．

　ここで，$P(x, \cdot)$ の Π への一様収束とは，

$$\|P^m(x, \cdot) - \Pi\|_{\mathrm{TV}} \longrightarrow_{m \to \infty} 0$$

ということであり，これを満たすマルコフカーネルや，対応するマルコフ連鎖を**エルゴード的 (Ergodic)** であるという [2]．なお，この収束は一般に x に関しては一様ではない．もし x に関しての一様収束，すなわち

$$\sup_{x \in E} \|P^m(x, \cdot) - \Pi\|_{\mathrm{TV}} \longrightarrow_{m \to \infty} 0$$

が成り立つなら，P は**一様エルゴード的 (Uniformly ergodic)** であるという．

　上の定理は，ほとんどすべての点，と歯切れの悪い表現をしている．正確には次の状況である．Π で測って 1 であるような，状態空間 E の，ある部分集合 E_0 を用意する．そして，その E_0 上で主張が成り立つという意味だ．確率論を考える上では，確率 0 である除外集合を除いて主張が成り立つという結論が多い．一方，ベイズ統計学で出てくるマルコフ連鎖モンテカルロ法は，そのような除外集合上では任意性がある．だから気にする必要はないのだ．もし気になるのであれば，**ハリス再帰性 (Harris recurrence)** を考える必要がある．ハリス再帰性ではそのような除外集合は確率 0 であるばかりか，存在しないことを仮定するものだ．本書ではその議論はしない．

　また，不変確率分布 Π があるという条件は大事なので，定理を適用する際には忘れないようにしよう．一般に，マルコフカーネルの不変確率分布の存在は簡単には示せない．しかし，ベイズ統計学で出てくるマルコフ連鎖モンテカルロ法であれば，不変確率分布の存在は明らかである．詳しくはあとの章を参照．なお，マルコフ連鎖モンテカルロ法の書物ではエルゴード性の十分条件として，既約性，

---

[2] 「エルゴード的」という言葉は様々な分野で出てくる上，定義が微妙に異なる．他書を読む際には注意すること．

非周期性，正再帰性という三つの条件を課すことが多い．しかし，$P(x, \cdot) \not\perp P(y, \cdot)$ のほうが直感的だし，証明も容易だ．

上の定理により，マルコフカーネル P が，ある確率分布 Π に対して Π-不変なら，大数の法則が成立して積分 I が計算できた．したがって，I を十分大きな M を使って，

$$\frac{1}{M} \sum_{m=0}^{M-1} f(X_m) \tag{4.13}$$

で近似できる．マルコフ連鎖はもちろん確率空間の上に定義されるが，その確率部分を擬似乱数で代用した疑似マルコフ連鎖を用い，式 (4.13) で I を近似する基本的モンテカルロ積分法を**マルコフ連鎖モンテカルロ (Markov chain Monte Carlo: MCMC) 法**という．本書でいちばん大事なアルゴリズムなので，定義の形にしておこう．

定義 4.4　マルコフ連鎖モンテカルロ法

Π-不変なマルコフ連鎖を擬似乱数で生成し，式 (4.13) で積分 I を近似するモンテカルロ積分法を，マルコフ連鎖モンテカルロ法という．

確率分布 Π を事後分布にすれば，ベイズ統計学に応用できる．例として簡単なマルコフ連鎖モンテカルロ法を考えよう．

例 4.13　例 4.6 のモデルは，実は $\gamma = \alpha^2 + \beta^2 \sigma^2 < 1$ のときは不変確率分布 Π があって，エルゴード的であることが知られる．不変分布 Π がどんな分布か解析的に知るのは難しい．しかし X_0 が Π に従うなら X_1 も Π に従うので，初期分布が Π であるなら任意の関数 f に対し

$$\Pi(f) = \mathbb{E}[f(X_0)] = \mathbb{E}[f(X_1)]$$

である．だから，$f(x) = x^2$ なら，(4.8) から，

$$\Pi(f) = \gamma \Pi(f) + \sigma^2 \implies \Pi(f) = \frac{\sigma^2}{1 - \gamma}$$

だから，大数の法則が成り立って，

$$\frac{1}{M} \sum_{m=0}^{M-1} X_m^2 \longrightarrow_{M \to \infty} \frac{\sigma^2}{1 - \gamma}$$

のはずだ．確かに図 4.8 のように収束している様子が見える．

さて，Π-不変性を示すのは一般に困難なことが多い．ここでは簡単にチェックできるケースとして，**Π-対称 (Π-reversible)** なマルコフカーネルを紹介しよう．ただし，Π-不変であるマルコフカーネルのうち，Π-対称性を満たすものはほんのわずかである．しかしマルコフ連鎖モンテカルロ法では，よ

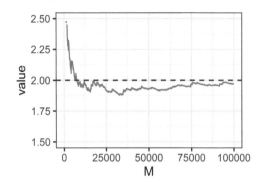

図 4.8　例 4.6 で定義されたマルコフ連鎖の $\sum_{m=1}^{M} X_m^2/M$ の図．収束しやすいように，図 4.6 の実験より γ をやや小さく，$\alpha = \beta = 1/2, \sigma = 1$ とした．

く使われるものはたいてい Π-対称性を持つ．またそのほかの，Π-対称ではないマルコフ連鎖モンテカルロ法も Π-対称なマルコフカーネルの組み合わせや拡張によって作られるものが多い．

定義 4.5　対称分布

　確率分布 Π で，X_0 が Π に従うとき X_0, X_1 の同時分布と X_1, X_0 の同時分布が等しいなら，Π を P の対称分布といい，P を Π-対称という．

　Π-対称性は，しばしば物理学由来の呼び方として，**詳細釣り合い条件 (Detailed balance condition)** と呼ばれる．

定理 4.8

　マルコフカーネル P は，確率分布 Π に対し，Π-対称であれば Π-不変．

証明　$\Pi = \Pi P$ を示せば良い．しかし，$X_0 \sim \Pi$ としたとき，Π が対称分布だから

$$\Pi(A) = \mathbb{P}(X_0 \in A) = \mathbb{P}(X_0 \in A, X_1 \in E) = \mathbb{P}(X_0 \in E, X_1 \in A) = \mathbb{P}(X_1 \in A) = \Pi P(A)$$

より結論が示せる． ∎

例 4.14　自己回帰過程（第 4.2 節）で $|\alpha| < 1$ なら，

$$\Pi = \mathcal{N}\left(\mu, \frac{1}{1-\alpha^2}\sigma^2\right)$$

が不変確率分布だった．$X_0 \sim \Pi$ であるときに，(X_0, X_1) の従う確率分布と，(X_1, X_0) の従う確率分布が等しいことが示せれば，自己回帰過程のマルコフカーネルが Π-対称であることがわかる．ここで，正規分布の再生性から，(X_0, X_1) は二変量正規分布に

従う. すなわち,

$$
\mathcal{N}\left(\begin{pmatrix} \mathbb{E}[X_0] \\ \mathbb{E}[X_1] \end{pmatrix}, \begin{pmatrix} \mathrm{Var}(X_0) & \mathrm{Cov}(X_0, X_1) \\ \mathrm{Cov}(X_0, X_1) & \mathrm{Var}(X_1) \end{pmatrix}\right)
$$

となる. だから, (X_1, X_0) の従う分布と同じことをチェックするには

$$
\mathbb{E}[X_0] = \mathbb{E}[X_1], \mathrm{Var}(X_0) = \mathrm{Var}(X_1)
$$

を示せれば良い. しかしこれは自己回帰過程のマルコフカーネルの Π-不変性から直ちに従う. だから, 自己回帰過程のマルコフカーネルは Π-対称である.

➤ 第4章　練習問題

4.1 m は非負の整数, N は正の整数, x は $0 \le x \le N$ なる整数とする. ライト・フィッシャーモデルに対し $\mathbb{E}[X_{m+1}|X_m = x]$ および $\mathrm{Var}(X_{m+1}|X_m = x)$ を求めよ.

4.2 N は正の整数, x は $0 \le x \le N$ なる整数とする. ライト・フィッシャーモデルに対し

$$
\mathbb{E}[X_{m+1}(N - X_{m+1})|X_m = x] = (1 - N^{-1})x(N - x)
$$

を示せ.

4.3 m は非負の整数, N は正の整数とする. ライト・フィッシャーモデルに対し $\mathrm{Cov}(X_{m+1}, X_m) = \mathrm{Var}(X_m)$ を示せ.

4.4 ライト・フィッシャーモデルに対し

$$
\lim_{m \to \infty} \mathrm{Var}(X_m) = N\mathbb{E}[X_0] - \mathbb{E}[X_0]^2
$$

であることを示せ.

4.5 m は非負の整数, x は実数とする. 自己回帰過程に対し, $\mathbb{E}[X_{m+1}|X_m = x]$ および $\mathrm{Var}(X_{m+1}|X_m = x)$ を求めよ.

4.6 各 $m = 1, 2, \dots$ について μ_m, μ は実数, σ_m^2, σ^2 は正の実数とする. また, $\mu_m \to \mu, \sigma_m^2 \to \sigma^2$ とする. このとき,

$$
\mathcal{N}(\mu_m, \sigma_m^2) \longrightarrow \mathcal{N}(\mu, \sigma^2)
$$

となることを示せ (特性関数が収束することを見ればいい).

4.7 x, λ は正の実数, m は正の整数とする. 確率分布 $G = \mathcal{N}(0, 1)$ としたときの $\mathbb{R}_+$ 上のランダムウォークに対し,

$$
\mathbb{E}[\exp(-\lambda X_{m+1})|X_m = x]
$$

を求めよ.

4.8 例 4.6 のマルコフ連鎖に対し，$\gamma < 1$ のとき，任意の実数 x に対し

$$\lim_{m \to \infty} \mathbb{E}[X_m | X_0 = x]$$

および

$$\lim_{m \to \infty} \mathrm{Var}[X_m | X_0 = x]$$

を求めよ．

4.9 例 4.7 の自己回帰過程において，$\alpha = -1$ のとき不変確率分布が存在しないことを示せ．

4.10 実数 μ に対し，

$$\|\mathcal{N}(0,1) - \mathcal{N}(\mu,1)\|_{\mathrm{TV}}$$

を求めよ．

4.11 実数 $\sigma^2 > 1$ に対し，

$$\|\mathcal{N}(0,1) - \mathcal{N}(0,\sigma^2)\|_{\mathrm{TV}}$$

を求めよ．

4.12 P, Q が確率関数 $p(x), q(x)$ を持つとき，

$$\sum_{x \in E} \min\{p(x), q(x)\} > 0$$

なら，P, Q は互いに特異ではないことを示せ．とくに，$p(x) > 0, q(x) > 0$ なる x があれば P, Q は互いに特異ではないことを示せ．

= { 第 **5** 章 } =

ギブスサンプリング

　ベイズ統計学におけるマルコフ連鎖モンテカルロ法として，まずギブスサンプリングをあつかう．ギブスサンプリングはモデル構造から自然に導出されるマルコフ連鎖モンテカルロ法である．まず第 5.1 節で有限混合モデル，第 5.2 節でプロビットモデルから自然に導出されるギブスサンプリングを紹介する．そして第 5.3 節では一般的な，二変量のギブスサンプリングを紹介する．最後に，第 5.4 節では，多変量のギブスサンプリングをあつかう．

➤ 5.1 　有限混合モデル

　状態空間 E 上の確率分布 P_1 と P_0 がある．また，実数 $0 < \theta < 1$ に対し，表になる確率が θ のコインがある．表を 1，裏を 0 とすれば，

$$\mathbb{P}(I = 1) = \theta, \mathbb{P}(I = 0) = 1 - \theta$$

と書ける．確率変数 X は $I = 1$ のとき P_1 に，$I = 0$ のとき P_0 に従うとする．X の従う確率分布を P_1 と P_0 の混合分布といい，ここでは P_θ と書く．この統計モデルを**有限混合モデル** (Finite mixture model) という．

> **定理 5.1**
>
> 　確率分布 P_0, P_1 の累積分布関数を F_0, F_1 とする．混合分布 P_θ の累積分布関数 F_θ は
>
> $$F_\theta(x) = \theta F_1(x) + (1 - \theta)F_0(x)$$
>
> となる．また，P_0, P_1 は確率密度関数を持つとし，それらを $p_0(x), p_1(x)$ とする．すると P_θ の確率密度関数 $p_\theta(x)$ は
>
> $$p_\theta(x) = \theta p_1(x) + (1 - \theta)p_0(x)$$
>
> となる．

証明 定義により，確率変数 X は，コイン I の表裏に応じて分布が変わる．式であらわすと

$$\mathbb{P}(X \leq x | I = 1) = F_1(x), \ \mathbb{P}(X \leq x | I = 0) = F_0(x)$$

ということである．これを用いて，コインの表裏で状況を分けると，累積分布関数は

$$\begin{aligned}
\mathbb{P}(X \leq x) &= \mathbb{P}(X \leq x, I = 1) + \mathbb{P}(X \leq x, I = 0) \\
&= \mathbb{P}(X \leq x | I = 1)\mathbb{P}(I = 1) + \mathbb{P}(X \leq x | I = 0)\mathbb{P}(I = 0) \\
&= F_1(x)\theta + F_0(x)(1 - \theta)
\end{aligned}$$

となる．確率密度関数はこれを微分すれば求まる． ∎

定理 5.2

状態空間 E が $\mathbb{R}$ であるとする．確率分布 P_0, P_1 の平均を μ_0, μ_1，分散を σ_0^2, σ_1^2 とする．このとき，確率分布 P_θ の平均と分散はそれぞれ

$$\mu_\theta = \theta\mu_1 + (1 - \theta)\mu_0, \ \sigma_\theta^2 = \theta\sigma_0^2 + (1 - \theta)\sigma_1^2 + \theta(1 - \theta)(\mu_1 - \mu_0)^2$$

となる．

証明 確率変数 X は P_θ に従うとする．また，以下では P_0, P_1 がそれぞれ確率密度関数 $p_0(x), p_1(x)$ を持つと仮定しよう．もし確率密度関数を持たなくても，同様の計算をすることができる．定義から，

$$\begin{aligned}
\mu_\theta = \mathbb{E}[X] &= \int_{-\infty}^{\infty} x \, p_\theta(x)\mathrm{d}x \\
&= \int_{-\infty}^{\infty} x \, \{\theta p_1(x) + (1 - \theta)p_0(x)\} \, \mathrm{d}x \\
&= \theta \int_{-\infty}^{\infty} x \, p_1(x)\mathrm{d}x + (1 - \theta) \int_{-\infty}^{\infty} x \, p_0(x)\mathrm{d}x \\
&= \theta\mu_1 + (1 - \theta)\mu_0
\end{aligned}$$

となり，有限混合モデルの平均の式を得る．一方，平均と分散の関係から，$i = 0, 1$ について

$$\int_{-\infty}^{\infty} x^2 p_i(x)\mathrm{d}x = \sigma_i^2 + \mu_i^2$$

を得る．有限混合モデルの二次モーメント $\mathbb{E}[X^2]$ は，平均の導出のときと同じように計算できる．実際，

$$\mathbb{E}[X^2] = \int_{-\infty}^{\infty} x^2 \, p_\theta(x)\mathrm{d}x$$

$$= \int_{-\infty}^{\infty} x^2 \{\theta p_1(x) + (1-\theta)p_0(x)\} \, \mathrm{d}x$$
$$= \theta(\sigma_1^2 + \mu_1^2) + (1-\theta)(\sigma_0^2 + \mu_0^2)$$

となる. よって有限混合モデルの分散は

$$\sigma_\theta^2 = \mathrm{Var}(X) = \mathbb{E}[X^2] - \mathbb{E}[X]^2$$
$$= \theta(\sigma_1^2 + \mu_1^2) + (1-\theta)(\sigma_0^2 + \mu_0^2) - \{\theta\mu_1 + (1-\theta)\mu_0\}^2$$
$$= \theta\sigma_1^2 + (1-\theta)\sigma_0^2 + \theta(1-\theta)(\mu_1 - \mu_0)^2$$

となる. ∎

P_0, P_1 の特性関数を $\varphi_0(u), \varphi_1(u)$ とすると, P_θ の特性関数は $\varphi_\theta(u) = \theta\varphi_1(u) + (1-\theta)\varphi_0(u)$ となる. この事実から上の定理を証明することもできる.

> **注** 確率変数の混合と, 確率分布の混合を混同しないこと. 正規分布 $P_1 = \mathcal{N}(\mu_1, \sigma_1^2)$ と $P_0 = \mathcal{N}(\mu_0, \sigma_0^2)$ を用意する. 確率変数 X_1 が P_1 に, X_0 が P_0 に従って独立なら, $X_1 + X_0$ は正規分布の再生性から
>
> $$\mathcal{N}(\mu_1 + \mu_0, \sigma_1^2 + \sigma_0^2)$$
>
> に従う. 一方で, P_1 と P_0 の混合分布は正規分布に従わない. 有限混合モデルは表になる確率 θ のコインを投げ, 表なら X_1, 裏なら X_0 を出力する確率変数 Y の従う確率分布と同じである.

N は正の整数. 観測 $x_1, \ldots, x_N$ は P_θ に従い独立とする. このとき θ を推定したい. 尤度は

$$p(x^N|\theta) := p_\theta(x_1) \cdots p_\theta(x_N) = \prod_{n=1}^{N} (\theta p_1(x_n) + (1-\theta)p_0(x_n))$$

と書ける. だから, パラメータ θ に一様分布を事前分布, すなわち $p(\theta) = 1$ として入れると, 事後密度関数は

$$\frac{p(x^N|\theta)p(\theta)}{\int_0^1 p(x^N|\theta)p(\theta)\mathrm{d}\theta} = \frac{\prod_{n=1}^{N}(\theta p_1(x_n) + (1-\theta)p_0(x_n))}{\int_0^1 \prod_{n=1}^{N}(\theta p_1(x_n) + (1-\theta)p_0(x_n))\mathrm{d}\theta}$$

と書ける. よく知られた分布にならず, 事後平均や事後確率を積分計算で直接求めるのは難しい.

有限混合モデルの事後密度関数は複雑だった. しかし, 長さ N の観測すべてに, 混合分布の要素 P_0, P_1 のいずれかをあらわすコイン I の情報があれば, 事後分布は平易である. 各 n について, $I_n = 1$ なら x_n は P_1 に, $I_n = 0$ なら x_n は P_0 に従うとし, コイン I_n の情報をまとめて $I^N = \{I_1, \ldots, I_N\}$ と書く. 表のコインの総数を $m_1 = \sum_{n=1}^{N} I_n$, 裏のコインの総数を $m_0 = N - m_1$ とおく. コインの情報 I^N のもと, 事後分布はベータ分布

$$\mathcal{B}e(m_1 + 1, m_0 + 1) \tag{5.1}$$

に従う（練習問題 5.3）．すなわち，事後密度関数は

$$p(\theta|x^N, I^N) = \frac{\theta^{m_1}(1-\theta)^{m_0}}{B(m_1+1, m_0+1)}$$

である．一方，θ の情報があれば I^N の θ での条件つき確率が

$$\mathbb{P}(I_n = 1|x_n, \theta) = \frac{\theta \, p_1(x_n)}{\theta \, p_1(x_n) + (1-\theta) \, p_0(x_n)},$$
$$\mathbb{P}(I_n = 0|x_n, \theta) = \frac{(1-\theta) \, p_0(x_n)}{\theta \, p_1(x_n) + (1-\theta) \, p_0(x_n)} \tag{5.2}$$

と計算できる（練習問題 5.3）．したがって，θ の情報があればコインの事後分布が計算できるし，コインの情報があれば θ の事後分布が計算できる．だから，θ の情報があれば，それを使って乱数 I^N を生成し，さらに I^N を使ってあらためて乱数 θ を生成し，さらに θ を用いてあらためて乱数 I^N を生成して，などと，ぐるぐる繰り返せば目的の事後分布が出そうだ．この手続きを利用した積分近似計算法や，手続きそのものを，有限混合モデルの**ギブスサンプリング (Gibbs sampling)** という．

Step 0. $0 < \theta < 1$ を一つ決める．

Step 1. 各 $n = 1, \ldots, N$ に対し，条件つき確率 (5.2) を使ってコイン $I_1, \ldots, I_N$ を生成する．

Step 2. コインの情報を使って θ を $\mathcal{B}e(m_1+1, m_0+1)$ から生成する．ただし，$m_1 = \sum_{n=1}^{N} I_n$ で $m_0 = N - m_1$．

Step 3. Step 1. に戻る．

長さ 10^3 のデータで実験してみよう．平均 0 と 1，分散 1 の正規分布の混合分布から，θ の推定をおこないたい．図 5.1 の左図にあるように，有限混合モデルのギブスサンプリングの出力のヒストグラムを見ると，真値 $\theta = 0.3$ 近辺で事後確率が高い，釣鐘型になっているのが見て取れる．θ を更新順に並べた経路が図 5.1 の右図である．経路を見ると，更新のたびに θ の値は大きく動くのがわかる．また，指示 quantile(theta_vec, prob = c(0.05, 0.95)) によって確率 90% の信用区間の推定値を導出すると $[0.26, 0.61]$ となった．図 5.2 では自己相関の推定量をプロットした．x-軸はラグである．自己相関の推定量は第 6 章で見るように，こうした手法の良さを測る上で重要である．

リスト 5.1　有限混合モデルのギブスサンプリング

```
n <- 1e2
m <- 1e5
theta <- 0.3
index <- (runif(n) <= theta)
mu <- 1
```

```
 6    x <- rnorm(n) + index * mu
 7
 8    theta <- runif(1)
 9    theta_vec <- numeric(m)
10    theta_vec[1] <- theta
11    index <- rbinom(n,1,0.5)
12    for(i in 2:m){
13      for(j in 1:n){
14        u <- runif(1)
15        index[j] <- ((theta * dnorm(x[j] - mu)) / (theta * dnorm(x[j] - mu) + (1-theta) *
              dnorm(x[j])) > u)
16      }
17      theta <- rbeta(1, shape1 = 1 + sum(index), shape2 = 1 + sum(1-index))
18      theta_vec[i] <- theta
19    }
20
21    data.fr <- data.frame(x = 1:m, theta = theta_vec)
22    ggplot(data.fr, aes(x=theta)) + geom_histogram(aes(y = ..density..), fill = "blue", alpha
          = 0.75) + theme_bw() + xlim(0,0.8)
23
24    ggplot(subset(data.fr, x< 1e3), aes(x=x, y=theta)) + geom_path(color = "blue") + theme_bw
          () + ylim(0.1,0.6)
25    quantile(theta_vec, prob = c(0.05, 0.95))
26
27    bacf <- acf(data.fr$theta, plot = FALSE, lag=75)
28    bacfdf <- with(bacf, data.frame(lag, acf))
29
30    ggplot(data = bacfdf, mapping = aes(x = lag, y = acf)) +
31          geom_hline(aes(yintercept = 0)) +
32          geom_segment(mapping = aes(xend = lag, yend = 0), color = "blue") + theme_bw()
33    quantile(theta_vec, prob = c(0.05, 0.95))
```

　有限混合モデルのギブスサンプリングで得られた θ の系列を $\theta_0, \theta_1, \dots$ とすると，$\{\theta_m\}_{m=0,1,\dots}$ はマルコフ連鎖である．なぜなら，任意の正の整数 m について，θ_m の振る舞いは $I_1, \dots, I_N$ で完全に決まり，$I_1, \dots, I_N$ は θ_{m-1} で完全に決まるからである．だから，有限混合モデルのギブスサンプリングはマルコフ連鎖モンテカルロ法の一つである．マルコフカーネルがどうあらわされるかは，次の節のものもまとめて第 5.3 節であつかう．

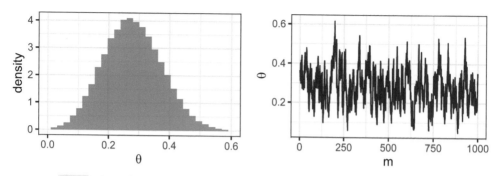

図 5.1 有限混合モデルのギブスサンプリングの左が θ のヒストグラム, 右が θ の経路.

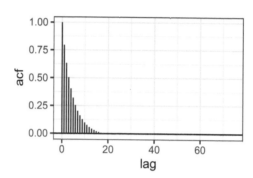

図 5.2 有限混合モデルのギブスサンプリングの自己相関の推定量のプロット.

➤ 5.2 プロビット回帰モデル

　目的変数が量的変数のときには線形回帰モデルが有用である. しかし, 目的変数が Yes か No かなど, 質的変数のときは使えない. **プロビット回帰モデル (Probit regression model)** は二値データに使える, 非線形回帰モデルの一つである. 説明変数は一次元の実数で, $x_1, \ldots, x_N$ とする. 目的変数 $y_1, \ldots, y_N$ の従う分布は, 未知のパラメータ α, β によって

$$\mathbb{P}(y_n = 1|\theta, x_n) = \Phi(\alpha + \beta x_n),$$
$$\mathbb{P}(y_n = -1|\theta, x_n) = 1 - \Phi(\alpha + \beta x_n) = \Phi(-(\alpha + \beta x_n))$$

と書けている. なお, YES or NO で分かれる二値の質的変数は, $y_n = 1$ or 0 とするのが一般的だが, ここではあとの都合のため $y_n = \pm 1$ とした. ここで $\Phi(x)$ は標準正規分布の累積分布関数である. 計算の工夫のため,

$$\sum_{n=1}^{N} x_n = 0 \tag{5.3}$$

も仮定しておく. 一般に大きな制限ではない. 尤度は $y_n = \pm 1$ としたおかげで

$$p(y^N|\theta) := \prod_{n=1}^{N} \Phi(y_n(\alpha + \beta x_n))$$

と書ける．パラメータ $\theta = (\alpha, \beta)$ には標準正規分布を事前分布として入れよう．見た目はシンプルである．しかし事後分布の計算は困難だ．実際，事後密度関数は

$$p(\theta|x^N) = \frac{\prod_{n=1}^{N} \Phi(y_n(\alpha + \beta x_n))\phi(\alpha)\phi(\beta)}{\int_{\mathbb{R}} \int_{\mathbb{R}} \prod_{n=1}^{N} \Phi(y_n(\alpha + \beta x_n))\phi(\alpha)\phi(\beta)\mathrm{d}\alpha\mathrm{d}\beta}$$

となり，複雑である．ここで，次の事実に注目しよう．証明は練習問題とする．

定理 5.3

Z が $\mathcal{N}(\mu, 1)$ に従うなら，

$$\mathbb{P}(Z > 0) = \Phi(\mu),\ \mathbb{P}(Z \leq 0) = 1 - \Phi(\mu) = \Phi(-\mu).$$

より一般に，

$$\mathbb{P}(Z > x) = \Phi(\mu - x),\ \mathbb{P}(Z \leq x) = 1 - \Phi(\mu - x) = \Phi(x - \mu).$$

したがって，正規分布 $\mathcal{N}(\alpha + \beta x_n, 1)$ に従う正規乱数 z_n があると，

$$\mathbb{P}(z_n > 0) = \Phi(\alpha + \beta x_n),\ \mathbb{P}(z_n \leq 0) = \Phi(-(\alpha + \beta x_n))$$

となり，ちょうど $y_n = 1$，$y_n = -1$ の確率と同じである．だから，y_n は z_n の符号だと思うことができる．もし符号だけでなく，z_n を観測できていれば推定は容易である．正規乱数 z_n の情報があれば，事後分布も正規乱数になるからだ．この場合の尤度は

$$p(z^N|\theta) = \prod_{n=1}^{N} \phi(z_n - \alpha - \beta x_n) \propto \exp\left(-\frac{1}{2}\sum_{n=1}^{N}(z_n - \alpha - \beta x_n)^2\right)$$

となる．ただし，$\phi(x)$ は標準正規分布の確率密度関数．事後密度関数は

$$p(\theta|z^N) \propto p(z^N|\theta)\phi(\alpha)\phi(\beta)$$
$$\propto \exp\left(-\frac{1}{2}\left\{\sum_{n=1}^{N}(z_n - \alpha - \beta x_n)^2 + \alpha^2 + \beta^2\right\}\right).$$

先程 (5.3) を仮定したおかげで，指数関数の中身は

$$-\frac{1}{2}\sum_{n=1}^{N}\left\{\left(1 + \sum_{n=1}^{N}x_n^2\right)\left(\beta - \frac{\sum_{n=1}^{N}x_n z_n}{1 + \sum_{n=1}^{N}x_n^2}\right)^2 + (1 + N)\left(\alpha - \frac{\sum_{n=1}^{N}z_n}{1 + N}\right)^2\right\} + C$$

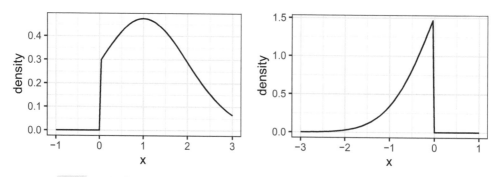

図 5.3 切断正規分布の確率密度関数. 左が $\mathcal{N}^+(1,1)$ 右が $\mathcal{N}^-(1,1)$ の確率密度関数.

となる. ただし, C はパラメータに依存しない定数である. したがって, 事後分布は α については

$$\mathcal{N}\left(\frac{\sum_{n=1}^{N} z_n}{1+N}, \frac{1}{1+N}\right),$$

β については

$$\mathcal{N}\left(\frac{\sum_{n=1}^{N} x_n z_n}{1+\sum_{n=1}^{N} x_n^2}, \frac{1}{1+\sum_{n=1}^{N} x_n^2}\right)$$

となる. だから, z_n を観測できていれば事後確率は計算ができる. 一方で θ があれば z_n の事後分布を計算できる. 実際, z_n の符号 y_n はわかっているから, $y_n = 1$ なら $\mathcal{N}(\alpha + \beta x_n, 1)$ の正の部分に制限した**切断正規分布** (Truncated normal distribution), $y_n = -1$ なら $\mathcal{N}(\alpha + \beta x_n, 1)$ の負の部分に制限した切断正規分布に従う. だから, 有限混合モデルのように二つの手順をぐるぐる回せば事後分布が計算できそうだ. 正規分布 $\mathcal{N}(\mu, 1)$ を, 正の部分に制限した切断正規分布を $\mathcal{N}^+(\mu, 1)$, 負の部分に制限した切断正規分布を $\mathcal{N}^-(\mu, 1)$ と書くことにする. それぞれの累積分布関数, 確率密度関数（図 5.3 参照）は次の定理で与えられる.

定理 5.4

$\mathcal{N}^+(\mu, 1)$ の累積分布関数 $F^+(x)$, $\mathcal{N}^-(\mu, 1)$ の累積分布関数 $F^-(x)$ はそれぞれ,

$$F^+(x) = \begin{cases} 1 - \frac{\Phi(\mu - x)}{\Phi(\mu)} & x > 0 \\ 0 & x \le 0 \end{cases}, \quad F^-(x) = \begin{cases} \frac{\Phi(x - \mu)}{\Phi(-\mu)} & x < 0 \\ 1 & x \ge 0 \end{cases}$$

また $\mathcal{N}^+(\mu, 1)$ の確率密度関数 $\phi^+(x)$, $\mathcal{N}^-(\mu, 1)$ の確率密度関数 $\phi^-(x)$ はそれぞれ,

$$\phi^+(x) = \begin{cases} \frac{\phi(\mu - x)}{\Phi(\mu)} & x > 0 \\ 0 & x \le 0 \end{cases}, \quad \phi^-(x) = \begin{cases} \frac{\phi(x - \mu)}{\Phi(-\mu)} & x < 0 \\ 0 & x \ge 0 \end{cases}$$

証明 X は $\mathcal{N}(\mu, 1)$ に従うとすると，$\mathcal{N}^+(\mu, 1)$ は $X > 0$ での条件つきの確率分布である．したがって，

$$
\begin{aligned}
F^+(x) &= \mathbb{P}(X \le x | X > 0) \\
&= \frac{\mathbb{P}(0 < X \le x)}{\mathbb{P}(X > 0)} \\
&= 1 - \frac{\mathbb{P}(X > x)}{\mathbb{P}(X > 0)} = 1 - \frac{\Phi(\mu - x)}{\Phi(\mu)}.
\end{aligned}
$$

同じように，

$$
\begin{aligned}
F^-(x) &= \mathbb{P}(X \le x | X < 0) \\
&= \frac{\mathbb{P}(X \le x)}{\mathbb{P}(X < 0)} = \frac{\Phi(x - \mu)}{\Phi(-\mu)}
\end{aligned}
$$

を得る．微分すれば確率密度関数が得られる． ∎

　累積分布関数が得られたら，逆関数法を用いた乱数生成が可能である．切断正規分布の乱数生成は，ギブスサンプリングの構成に必要である．

定理 5.5

　一様乱数 $U \sim \mathcal{U}[0, 1]$ に対し，

$$
\Phi^{-1}(1 - \Phi(\mu)\, U) + \mu \sim \mathcal{N}^+(\mu, 1), \ \Phi^{-1}(\Phi(-\mu)\, U) + \mu \sim \mathcal{N}^-(\mu, 1).
$$

証明 正の部分に制限した正規分布について，累積分布関数を計算すると，

$$
\begin{aligned}
\mathbb{P}(\Phi^{-1}(1 - \Phi(\mu)\, U) + \mu \le x) &= \mathbb{P}(1 - \Phi(\mu)U \le \Phi(x - \mu)) \\
&= \mathbb{P}\left(\frac{1 - \Phi(x - \mu)}{\Phi(\mu)} \le U\right)
\end{aligned}
$$

となる．ここで $1 - \Phi(x - \mu) = \Phi(\mu - x)$ だから，累積分布関数は

$$
\mathbb{P}\left(\frac{\Phi(\mu - x)}{\Phi(\mu)} \le U\right) = 1 - \frac{\Phi(\mu - x)}{\Phi(\mu)}
$$

となり，$\mathcal{N}^+(\mu, 1)$ の累積分布関数と一致する．同様に，負の部分に制限した正規分布について，

$$
\begin{aligned}
\mathbb{P}(\Phi^{-1}(\Phi(-\mu)\, U) + \mu \le x) &= \mathbb{P}(\Phi(-\mu)U \le \Phi(x - \mu)) \\
&= \mathbb{P}\left(U \le \frac{\Phi(x - \mu)}{\Phi(-\mu)}\right)
\end{aligned}
$$

$$= \frac{\Phi(x - \mu)}{\Phi(-\mu)}$$

となり，$\mathcal{N}^-(\mu, 1)$ の累積分布関数と一致する．∎

以上により，プロビット回帰モデルのギブスサンプリングが構成できた．

Step 0. 実数 α, β を定め，$\theta = (\alpha, \beta)$ とする．

Step 1. 各 $n = 1, \ldots, N$ に対し，以下を実行する；

- $y_n = +1 \implies z_n \sim \mathcal{N}^+(\alpha + \beta x_n, 1),$
- $y_n = -1 \implies z_n \sim \mathcal{N}^-(\alpha + \beta x_n, 1).$

Step 2. $\theta = (\alpha, \beta)$ に対し，y_n の値に応じて以下を実行する；

$$\alpha \sim \mathcal{N}\left(\frac{\sum_{n=1}^{N} z_n}{1 + N}, \frac{1}{1 + N}\right), \ \beta \sim \mathcal{N}\left(\frac{\sum_{n=1}^{N} x_n z_n}{1 + \sum_{n=1}^{N} x_n^2}, \frac{1}{1 + \sum_{n=1}^{N} x_n^2}\right).$$

Step 3. Step 1. に戻る．

長さ 10^3 のデータで実験してみよう．

◀ リスト 5.2　プロビット回帰モデルのギブスサンプリング ▶

```
1   n <- 1e3
2   m <- 1e4
3   x <- rnorm( n, 0.5, 1 )
4   x <- x - mean(x)
5   w <- rnorm( n, 0, 1 )
6   alpha0 <- -0.2; beta0 <- 1
7   y <- (alpha0 + beta0 * x + w > 0)
8   z <- numeric(n)
9
10  alpha <- rnorm(1); beta <- rnorm(1);
11  alpha_vec <- numeric(m); beta_vec <- numeric(m)
12  alpha_vec[1] <- alpha; beta_vec[1] <- beta
13  for(i in 2:m){
14    for(j in 1:n){
15      u <- runif(1)
16      if(y[j]>0){
17        z[j] <- qnorm( 1 - pnorm(alpha + beta * x[j]) * u) + alpha + beta * x[j]
```

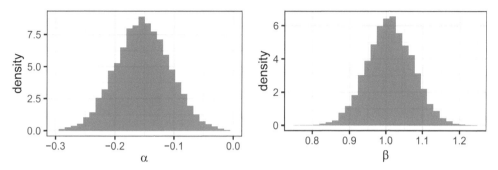

図5.4　左が α, 右が β の出力のヒストグラム. 真値の近傍の事後確率が高いことが見て取れる.

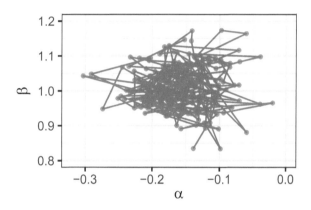

図5.5　プロビット回帰モデルのギブスサンプリングの経路.

```
18      }else{
19        z[j] <- qnorm(pnorm(-(alpha + beta * x[j])) * u) + alpha + beta * x[j]
20      }
21    }
22    alpha <- rnorm(1, mean = sum(z) / (1 + n), sd = sqrt(1/(1 + n)))
23    beta <- rnorm(1, mean = sum(x*z) / (1 + sum(x^2)), sd = sqrt(1/(1 + sum(x^2))))
24    alpha_vec[i] <- alpha; beta_vec[i] <- beta
25  }
26  data.fr <- data.frame(x = 1:m, alpha = alpha_vec, beta = beta_vec)
27  ggplot(data.fr, aes(x=alpha)) + geom_histogram(aes(y = ..density..)) + theme_bw() + xlim
        (-0.35,-0.05)
28  ggplot(data.fr, aes(x=beta)) + geom_histogram(aes(y = ..density..)) + theme_bw() + xlim
        (0.75,1.25)
```

上で定まるギブスサンプリングで得られる θ の系列もやはりマルコフ連鎖になる.

➤ 5.3 二変量ギブスサンプリング

5.3.1 二変量ギブスサンプリング

有限混合モデルとプロビット回帰モデルでギブスサンプリングを紹介した. 一般的枠組みで捉え直そう. 二つの確率変数 X, Y を考える. 結合分布を $P_{X,Y}$ と書き, X, Y それぞれの周辺分布を P_X, P_Y と書く. 乱数 y を $X = x$ で条件づけた Y の条件つき分布で生成することを

$$y \sim Y | X = x$$

と書く. 同じように乱数 x を $Y = y$ で条件づけた X の条件つき分布で生成することを

$$x \sim X | Y = y$$

と書く. **二変量ギブスサンプリング (Two-step Gibbs sampling)** は次のアルゴリズムである.

Step 0. 初期値 x を定める.

Step 1. $y \sim Y | X = x$ から生成する.

Step 2. $x \sim X | Y = y$ から生成する.

Step 3. Step 1. に戻る.

二変量ギブスサンプリングで得られる X の系列はマルコフ連鎖になる. 対応するマルコフカーネルを二変量ギブスカーネルと呼ぶ. なお, Y の系列もマルコフ連鎖になる. 紛らわしい場合は, X の系列を x-**連鎖** (x-chain), Y の系列を y-**連鎖** (y-chain) と呼ぶことにする. 確率変数 X, Y の状態空間を E, F とする. ベイズ統計学への応用を念頭に置いているので, X は連続分布を持つ場合しか考えない. 一方, Y は連続分布を持つ場合, 離散分布を持つ場合の両方を考える. Y で条件づけた X の従う確率分布は確率密度関数 $p(x|y)$ を持つとしよう. X で条件づけた Y の条件つき分布は確率密度関数もしくは確率関数 $p(y|x)$ を持つとしよう. すると, 二変量ギブスカーネルは Y が連続分布を持つなら

$$P(x, A) = \mathbb{P}(X_1 \in A | X_0 = x) = \int_{x^* \in A, y \in F} p(x^*|y) p(y|x) \mathrm{d}y \, \mathrm{d}x^*,$$

離散分布を持つなら

$$P(x, A) = \mathbb{P}(X_1 \in A | X_0 = x) = \int_{x^* \in A} \sum_{y \in F} p(x^*|y) p(y|x) \mathrm{d}x^*$$

となる. だから, $P(x, \cdot)$ は確率密度関数を持つ. この確率密度関数を $p(x^*|x)$ と書くと, 前者であれば

$$p(x^*|x) = \int_F p(x^*|y) p(y|x) \mathrm{d}y, \tag{5.4}$$

後者であれば

$$p(x^*|x) = \sum_{y \in F} p(x^*|y)p(y|x) \tag{5.5}$$

となる.

例 5.1　確率変数 (X, Y) は二次元の正規分布 $\mathcal{N}(0, \Sigma)$ に従う. ただし, 行列 Σ は, ある $\rho \in (-1, 1), \sigma > 0$ によって

$$\Sigma = \begin{pmatrix} 1 & \rho\sigma \\ \rho\sigma & \sigma^2 \end{pmatrix}$$

とあらわせるとする. すると $X = x$ で条件づけた Y の従う確率分布, $Y = y$ で条件づけた X の従う確率分布はそれぞれ

$$\mathcal{N}(\rho\sigma x, \sigma^2(1 - \rho^2)), \ \mathcal{N}(\rho\sigma^{-1}y, 1 - \rho^2)$$

である. したがって二変量ギブスサンプリングは以下で構成される；

Step 0. 実数 x を一つ定める.

Step 1. $y \sim \mathcal{N}(\rho\sigma x, \sigma^2(1 - \rho^2))$.

Step 2. $x \sim \mathcal{N}(\rho\sigma^{-1}y, 1 - \rho^2)$.

Step 3. Step 1. に戻る.

ギブスサンプリングのマルコフカーネルを計算しよう. $X_0 = x$ のもと, Y は $\mathcal{N}(\rho\sigma x, \sigma^2(1 - \rho^2))$ に従うから,

$$Y = \rho\sigma x + (1 - \rho^2)^{1/2}\sigma W_1$$

と構成できる. ただし, W_1 は標準正規分布に従う. また, $Y = y$ が得られたもとで, 次の x は $\mathcal{N}(\rho\sigma^{-1}y, 1 - \rho^2)$ に従うから,

$$X_1 = \rho\sigma^{-1}Y + (1 - \rho^2)^{1/2}W_2$$

と構成できる. ここでも W_2 は標準正規分布に従い, W_1 と W_2 は独立である. ギブスサンプリングの x-連鎖のマルコフカーネルは, $X_0 = x$ のもとでの X_1 の従う分布である. 確率変数 Y を使わず, x, W_1, W_2 で X_1 を表現すると

$$X_1 = \rho\sigma^{-1}(\rho\sigma x + (1 - \rho^2)^{1/2}\sigma W_1) + (1 - \rho^2)^{1/2}W_2$$
$$= \rho^2 x + \rho(1 - \rho^2)^{1/2}W_1 + (1 - \rho^2)^{1/2}W_2$$

となる. 正規分布の再生性より, この確率分布, すなわち $P(x, \cdot)$ は

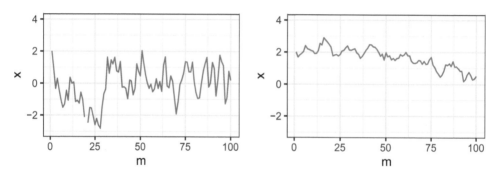

図 5.6　例 5.1 のギブスサンプリングの x の経路．$\sigma = 1$ とし，左は $\rho = 0.8$, 右は $\rho = 0.99$ とした．一般にギブスサンプリングの収束の議論は技術的に困難になりがちだが，このモデルは例外的にやりやすい．ρ が 1 に近いほど遅く，その効果が見て取れる．

$$P(x, \cdot) = \mathcal{N}(\rho^2 x, 1 - \rho^4)$$

となる．これはすなわち第 4.2 節であつかった自己回帰過程である．不変分布は ρ によらず $\mathcal{N}(0, 1)$ である．

◀ リスト 5.3　正規分布のギブスサンプリング ▶

```
1   gauss_gibbs <- function(M, sigma, rho){# M は繰り返し回数
2     x <- numeric(M)
3     x[1] <- 2
4     for(m in 1:(M-1)){
5       y <- rho * sigma * x[m] + sigma * sqrt(1-rho^2) * rnorm(1)
6       x[m+1] <- rho * (1/sigma) * y + sqrt(1-rho^2) * rnorm(1)
7     }
8     return(x)
9   }
10
11  set.seed(1234)
12  data.fr <- data.frame(M = 1:1e2, x = gauss_gibbs(1e2, 1, 0.8))
13  p <- ggplot(data.fr, aes(x=M, y=x))+geom_line(color=blue) + theme_bw() + ylim(-3,4)
14
15  data.fr <- data.frame(M = 1:1e2, x = gauss_gibbs(1e2, 1, 0.99))
16  p <- ggplot(data.fr, aes(x=M, y=x))+geom_line(color=blue) + theme_bw() + ylim(-3,4)
```

例 5.2　確率変数 Y はベータ分布 $\mathcal{B}e(\alpha, \beta)$ に従い，$Y = y$ で条件づけた X の従う確率分布は二項分布 $\mathcal{B}(N, y)$ に従うとする．だから，Y の従う分布，$Y = y$ で条件づけた X の従う確率分布はそれぞれ確率密度関数および確率関数としてそれぞれ

$$p(y) = \frac{y^{\alpha-1}(1-y)^{\beta-1}}{B(\alpha, \beta)}, \ p(x|y) = \binom{N}{x} y^x (1-y)^{N-x}$$

を持つ．これをベータ・二項モデル（Beta-Binomial model）という．すると X の周辺分布は，$p(x, y) = p(y)p(x|y)$ として

$$\begin{aligned}
p(x) &= \int_0^1 p(x, y)\mathrm{d}y \\
&= \binom{N}{x} \int_0^1 \frac{y^{x+\alpha-1}(1-y)^{N-x+\beta-1}}{B(\alpha, \beta)}\mathrm{d}y \\
&= \binom{N}{x} \frac{B(x+\alpha, N-x+\beta)}{B(\alpha, \beta)} \\
&= \frac{\binom{x+\alpha-1}{x}\binom{N-x+\beta-1}{N-x}}{\binom{N+\alpha+\beta-1}{N}}
\end{aligned}$$

なる確率関数を持つ．これは負の超幾何分布 $\mathcal{N}hg(N + \alpha + \beta - 1, N, \alpha)$ の確率関数である．また，$X = x$ で条件づけた Y の従う確率分布は

$$p(y|x) = \frac{p(x|y)p(y)}{p(x)} = \frac{y^{x+\alpha-1}(1-y)^{N-x+\beta-1}}{B(x+\alpha, N-x+\beta)}$$

となる．これはベータ分布 $\mathcal{B}e(x+\alpha, N-x+\beta)$ の確率関数である．したがって二変量ギブスサンプリングは以下で構成される；

Step 0. 実数 x を一つ定める．

Step 1. $y \sim \mathcal{B}e(x+\alpha, N-x+\beta)$.

Step 2. $x \sim \mathcal{B}(N, y)$.

Step 3. Step 1. に戻る．

リスト 5.4　ベータ・二項モデルのギブスサンプリング

```
bbetabinom_gibbs <- function(output, M, alpha, beta, N){# M は繰り返し回数
  x <- numeric(M)
```

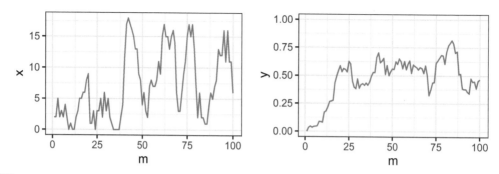

図 5.7 例 5.2 のベータ・二項モデルのギブスサンプリングの x の経路. $N = 25, \alpha = 2, \beta = 3$ とした. 左図が x-連鎖, 右図が y-連鎖である.

```
3      y <- numeric(M)
4      x[1] <- 2
5      y[1] <- 0
6      for(m in 1:(M-1)){
7        y[m+1] <- rbeta(1, shape1=x[m]+alpha, shape2=N-x[m]+beta)
8        x[m+1] <- rbinom(1,N,y[m+1])
9      }
10     if(output==1){
11       return(x)
12     }else{
13       return(y)
14     }
15   }
16
17   set.seed(1234)
18   data.fr <- data.frame(M = 1:1e2, x = betabinom_gibbs(1,1e2, 2, 3, 25))
19   p <- ggplot(data.fr, aes(x=M, y=x))+geom_line(color=blue) + theme_bw()
20
21   data.fr <- data.frame(M = 1:1e2, y = betabinom_gibbs(2,1e2, 2, 3, 100))
22   p <- ggplot(data.fr, aes(x=M, y=y))+geom_line(color=blue) + theme_bw() + ylim(0,1)
```

N, K, r を正の整数で, $0 \leq K + r \leq N$ を満たすとする. 上のベータ・二項モデルであらわれた**負の超幾何分布** (Negative hyper geometric distribution) (N, K, r) の確率関数は

$$p(x|N, K, r) = \frac{\binom{x+r-1}{x}\binom{N-r-x}{K-x}}{\binom{N}{K}} \ (x = 0, \ldots, K)$$

である.

5.3.2　二変量ギブスサンプリングの性質

定理 5.6

x-連鎖の二変量ギブスカーネルは P_X-対称．とくに，P_X-不変である．

証明　x-連鎖 $X_0, X_1 \ldots$ の最初の二つの確率変数 (X_0, X_1) は，$X_0 \sim P_X$ のとき，

$$X_0 \sim P_X, \ Y \sim Y|X_0, \ X_1 \sim X|Y$$

で生成される．X_0, X_1 の結合分布が X_1, X_0 の結合分布と同じことを示す．定義から (X_0, Y) の同時分布は $P_{X,Y}$ と等しい．そのため，X_0 を生成してから Y を生成する順を，Y から，すなわち

$$Y \sim P_Y, X_0 \sim X|Y$$

としても (X_0, Y) の結合分布は変わらず $P_{X,Y}$ である．この表記であれば，

$$Y \sim P_Y, X_0, X_1 \sim X|Y$$

と書けるので，X_0, X_1 は Y の条件のもと独立同分布であることがわかる．とくに，(X_0, X_1) の従う分布は (X_1, X_0) の従う分布と等しい．よって二変量ギブスカーネルは P_X-対称，定理 4.8 よりとくに P_X-不変である．■

定理 5.7

任意の $x \in E, y \in F$ に対して $p(y|x) > 0$，もしくは任意の $x \in E, \ y \in F$ に対して $p(x|y) > 0$ なら x-連鎖の二変量ギブスカーネルはエルゴード的．

略証　Y は離散分布を持つとして示す．もし連続分布を持つ場合であっても議論はまったく同様であるが，やや測度論の知識を必要とする．

まず任意の x, y で $p(y|x) > 0$ とする．二変量ギブスカーネル $P(x, \cdot)$ がエルゴード的であることを示す．定理 4.7 から，任意の x_1, x_2 に対し，$P(x_1, \cdot) \not\perp P(x_2, \cdot)$ を示せばいい．ここで，$P(x, \cdot)$ が式 (5.5) で定まる確率関数 $p(x^*|x)$ を持つことに注意する．すると，$P(x_1, \cdot) \not\perp P(x_2, \cdot)$ を示すには，練習問題 4.12 から，ある x^* があって，

$$p(x^*|x_1) > 0, \ p(x^*|x_2) > 0$$

が言えれば十分である．

まず，$p(x|x_1)$ は確率関数だから，少なくとも一つの点 x^* があって，$p(x^*|x_1) > 0$ となる．ここで

$p(x^*|x_1)$ が

$$p(x^*|x_1) = \sum_{y \in F} p(x^*|y)p(y|x_1)$$

と書けることに注意しよう．少なくとも一つの y があって，それを y^* と書けば，$p(x^*|y^*) > 0$ となるはずだ．なぜなら，すべての y で $p(x^*|y) = 0$ としたら，その和である $p(x^*|x_1)$ も 0 になるからだ．だから，どんな x_2 に対しても

$$p(x^*|x_2) = \sum_{y \in F} p(x^*|y)p(y|x_2) \geq p(x^*|y^*)p(y^*|x_2) > 0$$

である．なぜなら $p(y|x) > 0$ が任意の x, y で成り立つことを仮定したからだ．だから任意の x_1, x_2 で $P(x_1, \cdot) \not\perp P(x_2, \cdot)$ であり，したがってエルゴード的である．

次に，任意の x, y で $p(x|y) > 0$ としよう．$p(y|x_1)$ は確率関数だから，少なくとも一つの y があって，それを y^* と書くと $p(y^*|x_1) > 0$ である．だから，仮定から，任意の x^* に対し，

$$p(x^*|x_1) = \sum_{y \in F} p(x^*|y)p(y|x_1) \geq p(x^*|y^*)p(y^*|x_1) > 0$$

となる．よって上と同じ議論により，練習問題 4.13 と定理 4.7 から二変量ギブスカーネルはエルゴード的である． ∎

なお，x-連鎖を y-連鎖に入れ替えても同じ結論が成り立つ．とくに，x-連鎖の二変量ギブスサンプリングがエルゴード的なら，y-連鎖の二変量ギブスサンプリングもエルゴード的である．

5.3.3　ベイズ統計学における二変量ギブスサンプリング

ベイズ統計学での二変量ギブスサンプリングでは x-連鎖の代わりに，パラメータ θ が動く，**θ-連鎖**を考える．だから，P_X の代わりに P_θ と書こう．一方，観測 x^N は固定された定数である．そして，P_θ が θ の x^N での条件つき分布，すなわち事後分布になるように取る．だから θ-連鎖の二変量ギブスカーネルは事後分布を不変分布として持つ．エルゴード的であれば，定理 4.7 から大数の法則により事後分布の期待値が近似できて，ベイズ統計学に使えるのである．

第 5.1 節であつかったギブスサンプリングは $E = (0, 1)$ であり，$F = \{0, 1\}^N$（0 と 1 でできる長さ N の数列の空間）である．ここでは X の代わりに θ を，Y の代わりに $I^N = (I_1, \dots, I_N)$ を使う．すると，第 5.1 節のギブスサンプリングの手続きは

Step 0. 初期値 θ を定める．

Step 1. $I^N \sim I^N|\theta, x^N$ から生成する．

Step 2. $\theta \sim \theta|I^N, x^N$ から生成する．

Step 3. Step 1 に戻る．

となり，二変量ギブスサンプリングの手続きそのものである．ただし，観測 x^N で常に条件づけて考えることに注意する．すると θ-連鎖の二変量ギブスカーネルは，大変複雑であるが

$$P(\vartheta, A) = \mathbb{P}(\theta_1 \in A | \theta_0 = \vartheta, x^N) = \int_{\theta \in A} \sum_{I^N \in \{0,1\}^N} \frac{\theta^{m_0(I^N)}(1-\theta)^{m_1(I^N)}}{B(1+m_0(I^N), 1+m_1(I^N))}$$

$$\times \prod_{n=1}^{N} \frac{\{\vartheta p_1(x_n)\}^{I_n}\{(1-\vartheta)p_0(x_n)\}^{1-I_n}}{\vartheta p_1(x_n) + (1-\vartheta)p_0(x_n)} d\theta$$

と書ける．ただし，$m_0(I^N) = \sum_{n=1}^{N} I_n$ であり，$m_1(I^N) = N - m_0(I^N)$ である．

　また，第 5.2 節であつかったギブスサンプリングでは，$E = \mathbb{R}^2$, $F = \mathbb{R}^N$ である．ここでは X の代わりに θ を，Y の代わりに $z^N = (z_1, \ldots, z_N)$ を使う．ここでも，第 5.2 節のギブスサンプリングが二変量ギブスサンプリングであることが確認できる．

　上のアルゴリズムのいずれにせよ，擬似乱数を使って得られた $\theta_0, \theta_1, \ldots$ から，ベイズ統計学であらわれる積分を近似できる．積分 I を，十分大きな整数 M による J_M で近似することを $I \approx J_M$ と書くことにする．以下の近似の仕方と，そのあとのモデル事後確率の注意は，ギブスサンプリングに限らず，あとに出てくるメトロポリス・ヘイスティングス法も同じである．

例 5.3 集合 A に対し，単関数と呼ばれる関数

$$1_A(\theta) = \begin{cases} 1 & \text{if } \theta \in A \\ 0 & \text{otherwise} \end{cases}$$

を定義する．すると集合 A の事後確率の近似は

$$\int_A p(\theta | x^N) d\theta \approx \frac{1}{M} \sum_{m=0}^{M-1} 1_A(\theta_m)$$

となる．

例 5.4 事後平均であれば

$$\int_\Theta \theta\, p(\theta | x^N) d\theta \approx \frac{1}{M} \sum_{m=0}^{M-1} \theta_m$$

で近似する．

例 5.5 与えられた実数 $0 < \alpha < 1$ に対する信用集合 C は

$$\frac{1}{M} \sum_{m=0}^{M-1} 1_C(\theta_m) \geq \alpha$$

を満たす C として近似する．

例 5.6 事後予測分布の確率密度関数は，

$$p(x^*|x^N) \approx \frac{1}{M} \sum_{m=0}^{M-1} p(x^*|\theta_m)$$

として近似する．

モデル事後確率の計算はそれほど単純ではない．なぜなら，モデル事後確率は，ギブスサンプリングが計算するモデル内の事後確率ではなく，モデル間の事後確率が必要だからだ．そのためギブスサンプリングそのままではうまくいかず，技巧的な工夫が不可欠である．本書ではそうした技巧的技術は割愛する．なお，重点サンプリングは，モデル事後確率にも構成が容易である．

➤ 5.4　多変量ギブスサンプリング

二変量ギブスサンプリングを紹介した．観測とパラメータに加え，隠れた観測を導入した．隠れた観測を真の観測のようにあつかうことで事後分布が平易な形に書ける構造を利用した．パラメータ変数の種類が少ないときはこれで十分だ．しかし一般には，隠れた観測があっても，事後分布の生成は一度では終わらない．この節では二変量を一般化した，**多変量ギブスサンプリング** (Multi-step Gibbs sampling) を紹介する．

$K \geq 2$ 個の確率変数 $X_1, \ldots, X_K$ がある．結合分布を P_{Full} と書く．ベクトル $x = (x_1, \ldots, x_K)$ に対し，x から x_k だけ除いた $K-1$ のベクトル

$$x_{-k} = (x_1, \ldots, x_{k-1}, x_{k+1}, \ldots, x_K)$$

とする．逆に x_{-k} に，$x_k = x_k^*$ を挿入してもとの長さのベクトルにする，すなわち

$$(x_1, \ldots, x_{k-1}, x_k^*, x_{k+1}, \ldots, x_K)$$

を作ることを x_{-k}^* と x_k をまとめるということにする．また，乱数 x_k を，指数 k 以外の $K-1$ 個の確率変数の条件つき分布から生成することを

$$x_k \sim X_k | X_{-k}$$

と書く．X_{-K} の従う分布を $P_{X_{-k}}$ と書く．多変量ギブスサンプリングは次の手続きである．

Step 0. 初期値 x_{-1} を定める．

Step 1. $x_1 \sim X_1 | X_{-1} = x_{-1}$ から生成する．x_1, x_{-1} をまとめて x とする．

Step 2. $x_2 \sim X_2 | X_{-2} = x_{-2}$ から生成する．x_2, x_{-2} をまとめて x とする．

$$\vdots$$

Step K. $x_K \sim X_K | X_{-K} = x_{-K}$ から生成する. x_K, x_{-K} をまとめて x とする.

Step 1 に戻る.

確率変数 X_{-1} を生成する, x_{-1}-連鎖のアルゴリズムと見ると, X_{-1} の次元のマルコフ連鎖と捉えられる. こうして捉えたマルコフカーネルを, 多変量ギブスカーネルと呼ぶ. $x_1, \ldots, x_K$ がすべて連続分布を持つとき, マルコフカーネルは

$$P(x, A) = \int_{x^* \in A} p(x_1^* | x_2, x_3, \ldots, x_K) p(x_2^* | x_1^*, x_3, \ldots, x_K) \cdots p(x_K^* | x_1^*, \ldots, x_{K-1}^*) \mathrm{d}x_1^* \cdots \mathrm{d}x_K^*$$

とあらわせる. ただし,

$$x^* = (x_1^*, \ldots, x_K^*)$$

とし, 各 $k = 1, \ldots, K$ について $p(x_k | x_{-k})$ は X_k の X_{-k} で条件づけた分布の確率密度関数とする. $x_1, \ldots, x_K$ のいくつかが離散分布を持つときは, 対応する部分を積分から和に変え, 確率密度関数を確率関数に変えれば良い. 多変量ギブスカーネルは一般に Π-対称ではない. しかし次が言える.

定理 5.8

多変量ギブスカーネルは $P_{X_{-1}}$-不変である.

証明 x_{-1} が $P_{X_{-1}}$ に従うとき, ギブスサンプリングの出力として得られる x_{-1} も $P_{X_{-1}}$ に従うことを示せれば良い. 実は各ステップで得られる x は P_{Full} に従う. まず最初のステップで, x_{-1} が $P_{X_{-1}}$ に従い, x_1 を条件つき分布から生成するから, その結合分布は P_{Full} である. 二つ目のステップで, x_{-2} の周辺分布は $P_{X_{-2}}$ であり, x_2 を条件つき分布から生成するなら, その結合分布はやはり P_{Full} である. 同様に最後の K ステップを終えても x の従う確率分布は P_{Full} であるから, x_{-1} の周辺分布は $P_{X_{-1}}$ である. ∎

定理 5.9

ある $k = 1, \ldots, K$ について

$$p(x_k | x_{-k}) > 0$$

がすべての x_k, x_{-k} で言えるなら多変量ギブスカーネルはエルゴード的.

証明は定理 4.6 を用いれば良い.

例 5.7 観測 $x_1, \ldots, x_N$ は独立で，t 分布 $\mathcal{T}_\nu(\mu, \sigma^2)$ に従う．ただし，$\mathcal{T}_\nu(\mu, \sigma^2)$ の確率密度関数は

$$p(x|\theta) = \frac{\Gamma((\nu+1)/2)}{\Gamma(\nu/2)(\pi\nu\sigma^2)^{1/2}} \left(1 + \frac{(x-\mu)^2}{\nu\,\sigma^2}\right)^{-(\nu+1)/2}$$

で与えられる．正の実数 ν は既知で，パラメータを $\theta = (\mu, \tau)$ とする．ただし $\tau = \sigma^{-2}$ である．パラメータ τ に平均 1 の指数分布，μ に $\mathcal{N}(0, \tau^{-1})$ を事前分布として定める．ここで，$\mathcal{T}_\nu(\mu, \tau^{-1})$ を

$$x_n \sim \mathcal{N}(\mu, \nu/(\tau y_n)), \ y_n \sim \chi^2_\nu$$

で定まる (x_n, y_n) の結合分布の，x_n の周辺分布と見る（定理 2.7 のあとのコメントを参照）．もし $x^N = (x_1, \ldots, x_N)$ だけでなく，$y^N = (y_1, \ldots, y_N)$ が観測されたなら，尤度は正規分布によって容易に書ける．実際，

$$p(x^N|y^N, \theta) = \prod_{n=1}^{N} \sqrt{\frac{\tau\,y_n}{2\pi\nu}} \exp\left(-\frac{(x_n - \mu)^2}{2\nu}\tau\,y_n\right)$$

であり，事後密度関数は

$$p(\theta|x^N, y^N) \propto \tau^{(N+1)/2} \exp\left(-\sum_{n=1}^{N} \frac{(x_n - \mu)^2}{2\nu}\tau y_n - \tau - \frac{\mu^2}{2}\tau\right)$$

となる．パラメータ μ, τ を一つずつ条件つき分布で考える．すると

$$p(\mu|x^N, y^N, \tau) \propto \exp\left(-\sum_{n=1}^{N} \frac{(x_n - \mu)^2}{2\nu}\tau y_n - \frac{\mu^2}{2}\tau\right)$$

となる．指数関数の中身を整理すると，

$$-\frac{\tau}{2}\left\{\left(1 + \nu^{-1}\sum_{n=1}^{N} y_n\right)\mu^2 - 2\left(\nu^{-1}\sum_{n=1}^{N} x_n y_n\right)\mu + \nu^{-1}\sum_{n=1}^{N} x_n^2 y_n\right\}$$

$$= -\frac{\tau}{2}\left(1 + \nu^{-1}\sum_{n=1}^{N} y_n\right)\left(\mu - \frac{\left(\nu^{-1}\sum_{n=1}^{N} x_n y_n\right)}{1 + \nu^{-1}\sum_{n=1}^{N} y_n}\right)^2 + C$$

となる．ただし，C は μ によらない定数．この形は正規分布の確率密度関数の対数である．したがって，x^N, y^N, τ で条件づけた μ の確率分布は

$$\mathcal{N}\left(\frac{\left(\nu^{-1}\sum_{n=1}^{N} x_n y_n\right)}{1 + \nu^{-1}\sum_{n=1}^{N} y_n}, \tau^{-1}\left(1 + \nu^{-1}\sum_{n=1}^{N} y_n\right)^{-1}\right)$$

である．また，

$$p(\tau|x^N, y^N, \mu) \propto \tau^{(N+1)/2} \exp\left(-\left\{\sum_{n=1}^{N} \frac{(x_n - \mu)^2}{2\nu} y_n + 1 + \frac{\mu^2}{2}\right\}\tau\right)$$

はガンマ分布の確率密度関数にあたる．ガンマ分布のパラメータの対応を見ると，x^N, y^N, μ で条件づけた τ の確率分布は

$$\mathcal{G}\left(\frac{N+3}{2}, \sum_{n=1}^{N} \frac{(x_n - \mu)^2}{2\nu} y_n + 1 + \frac{\mu^2}{2}\right)$$

である．最後に，各 n で，x_n, μ, τ で条件づけたもとでの y_n の従う確率分布は

$$p(y_n|x_n, \theta) \propto p(x_n, y_n|\theta) \propto y_n^{1/2} \exp\left(-\left\{\frac{(x_n - \mu)^2}{2\nu}\tau\right\}y_n\right) y_n^{\nu/2-1} \exp\left(-\frac{y_n}{2}\right)$$

だから，これもガンマ分布の確率密度関数にあたる．ガンマ分布のパラメータの対応を見ると，x_n, μ, τ で条件づけたもとでの y_n の従う確率分布は

$$\mathcal{G}\left(\frac{\nu+1}{2}, \frac{(x_n - \mu)^2}{2\nu}\tau + \frac{1}{2}\right)$$

に従う．以上により，多変量ギブスサンプリングが次のように構成できる．

Step 0. 初期値 μ, τ を一つ定める．

Step 1. 各 $n = 1, \ldots, N$ で $y_n \sim \mathcal{G}\left(\frac{\nu+1}{2}, \frac{(x_n-\mu)^2}{2\nu}\tau + \frac{1}{2}\right)$ とする．

Step 2. $\mu \sim \mathcal{N}\left(\frac{\left(\nu^{-1}\sum_{n=1}^{N} x_n y_n\right)}{1 + \nu^{-1}\sum_{n=1}^{N} y_n}, \left(1 + \nu^{-1}\sum_{n=1}^{N} y_n\right)^{-1}\tau^{-1}\right)$.

Step 3. $\tau \sim \mathcal{G}\left(\frac{N+3}{2}, \sum_{n=1}^{N} \frac{(x_n-\mu)^2}{2\nu}y_n + 1 + \frac{\mu^2}{2}\right)$.

Step 4. Step 1 に戻る．

ここで得られた多変量ギブスカーネルは定理 5.9 よりエルゴード的である．

➤ 第 5 章　練習問題

5.1 実数 θ, q_0, q_1 は $0 < \theta, q_0, q_1 < 1$ を満たすとする．$P_0 = \mathcal{B}(1, q_0), P_1 = \mathcal{B}(1, q_1)$ とするとき，混合分布 P_θ をベルヌーイ分布を用いて表せ．

5.2 定理 5.2 を特性関数を用いて示せ．なお，σ_0, σ_1 は存在するものとする．

5.3 条件つき確率 (5.1), (5.2) を導出せよ．

5.4 N, n を正の整数，θ を実数で $1 \leq n \leq N, 0 < \theta < 1$ とする．また $x_1, \ldots, x_N$ は実数，$I_1, \ldots, I_N$ は 0 もしくは 1 とする．このとき，条件つき確率 (5.1), (5.2) のもと，$\mathbb{E}[\theta|x^N, I^N], \mathbb{E}[I_n|x^N, \theta]$

を求めよ.

5.5 定理 5.3 を示せ.

5.6 実数 μ に対し, $X \sim \mathcal{N}^+(\mu, 1)$ のとき, $\mathbb{E}[X]$ を求めよ.

5.7 例 5.1 で定義されるマルコフカーネルについて, $\mathcal{N}(0, 1)$ が不変分布であることを確認せよ.

5.8 x は正の整数, y は正の実数とする. X は $Y = y$ で条件づけたもと, $\mathcal{P}(y)$ に従う. また Y は $\mathcal{E}(1)$ に従う. このとき Y の $X = x$ を固定したもとでの条件つき分布を導出し, ギブスサンプリングを構成し, R 言語で実装せよ.

5.9 例 5.2 で定義されるギブスカーネル $P(x, \cdot)$ が負の超幾何分布 $\mathcal{N}hg(2N + \alpha + \beta - 1, N, x + \alpha)$ であることを示せ.

5.10 練習問題 1.9 を参考に, 第 5.1 節の有限混合モデルのギブスサンプラーの拡張を考える. K は正の整数, $\theta_1, \ldots, \theta_{K-1}$ は正の実数で,

$$\sum_{k=1}^{K-1} \theta_k < 1$$

を満たすとする. また, $P_1, \ldots, P_K$ は確率分布で, 確率密度関数 $p_1, \ldots, p_K$ を持つ. 確率分布 P_θ は, 確率密度関数

$$p_\theta(x) = \theta_1 p_1(x) + \cdots + \theta_K p_K(x)$$

を持つとする. ただし, $\theta_K = 1 - \theta_1 - \cdots - \theta_K$ とする. ある正の整数 N に対し観測 $x_1, \ldots, x_N | \theta \sim P_\theta$ とし, $\theta \sim \mathcal{D}(\alpha_1, \ldots, \alpha_K)$ なる事前分布を入れる. このとき, ギブスサンプリングを構成せよ. なお, $\alpha_1, \ldots, \alpha_K$ は既知の正の実数とする.

{ 第 **6** 章 }

メトロポリス・
ヘイスティングス法

　独立同分布だけでなく，マルコフ連鎖でも大数の法則が成り立つ．ギブスサンプリングはそれを利用したモンテカルロ積分法だった．ギブスサンプリングはモデルの構造を利用した，モデルに内的に定義されたマルコフ連鎖であると言える．一方で，この節で紹介するメトロポリス・ヘイスティングス (Metropolis–Hastings: MH) 法はモデルに外的に定義するマルコフ連鎖である．まず，第 6.1 節で一般的なメトロポリス・ヘイスティングス法の構造を，世界人口分布を例えに使い紹介する．第 6.2 節では独立型メトロポリス・ヘイスティングス法，第 6.3 節ではランダムウォーク型メトロポリス法，そして最後の第 6.4 節ではハミルトニアン・モンテカルロ法をあつかう．

➤ 6.1 メトロポリス・ヘイスティングス法

　ベイズ統計学の目的は事後分布の解析だったから，大数の法則の収束先は事後分布の積分である．だから，ベイズ統計学で使われるマルコフ連鎖モンテカルロ法の不変確率分布は事後分布である．事後分布は一般に複雑だから，それを不変確率分布とするマルコフ連鎖のデザインは，いっけん困難だと思うかもしれないが，ギブスサンプリングはそれを実現する方法の一つだった．しかし，ギブスサンプリングには，それが自然に定義されるようなモデル構造が不可欠なのだ．モデルに内的に定義されたマルコフ連鎖と言えよう．一方，**メトロポリス・ヘイスティングス (Metropolis–Hastings:MH) 法**はモデルに外的に定義されるマルコフ連鎖のデザイン法である．モデルの特別な構造が不要である点が，ギブスサンプリングと決定的に異なる点である．

　メトロポリス・ヘイスティングス法を説明するため，まず状態空間 E が離散集合であって，興味のある確率分布 Π に確率関数 $\pi(x)$ が存在するとしよう．状態空間は，ある一つの世界をあらわし，状態空間の各点 x は都市をあらわすとしよう．確率関数 $\pi(x)$ は国土計画等の要求からくる，都市 x の理想的な人口をあらわすとする．ただし，$\pi(x)$ は確率関数だから

$$\sum_{x \in E} \pi(x) = 1$$

となることに注意する．すなわち，世界の人口を 1 としたときの相対的な理想的人口であり，以下で考えるものもすべて相対人口であったり，相対移動数である．奇妙なこの世界には定住者はおらず，人は国土計画等とは無関係に都市から都市へ毎日車で移動している．都市 x にいる任意の人が，次の日に都市 y に移動する確率を $q(x,y)$ としよう．ここで，$q(x,y)$ は x を止めるごとに確率関数，すなわち

$$\sum_{y \in E} q(x,y) = 1$$

に注意する．Π が不変確率分布であるとは，定義 4.1 より，ある日の世界人口分布が理想的人口分布 Π に一致したとき，次の日も変わらず世界人口分布が Π であるということである．

さて，人々の移動確率 $q(x,y)$ は国土計画等とは無関係に決められるものだから，ある日に理想人口分布が実現されたとしても，当然そのままでは理想人口を保ってはくれない．交通整理をおこなうことで理想人口を保とう．理想人口を保つ最も簡単な方法は，任意の二つの都市間の期待移動数を，全く同じにすることである．すべての都市間でこのルールが保たれれば，理想人口は保たれる．なぜなら，すべての都市への期待流入数，期待流出数が全く同じになるからだ．都市 x から y へ一日のうちに移動する期待移動数は，もともとの都市の相対人口 $\pi(x)$ と移動確率 $q(x,y)$ を乗じた

$$\pi(x)q(x,y)$$

である．逆に都市 y から x への期待移動数は

$$\pi(y)q(y,x)$$

である．ここに交通整理を導入しよう．もし，都市 x から y の期待移動数が反対方面の都市 y から x より少ない，すなわち

$$\pi(x)q(x,y) < \pi(y)q(y,x)$$

なら，都市 x から y の移動は妨げない．逆に都市 x から y の期待移動数が多い，すなわち

$$\pi(x)q(x,y) > \pi(y)q(y,x)$$

なら，移動しようとする人たちのうち，割合

$$\frac{\pi(y)q(y,x)}{\pi(x)q(x,y)}$$

で移動を許可するのである．移動が許可されなかった人はもとの都市に留め置かれる．移動数の多・少の二つのケースをまとめると，都市 x から y への移動希望者のうち，

$$\alpha(x,y) := \min\left\{1, \frac{\pi(y)q(y,x)}{\pi(x)q(x,y)}\right\}$$

で移動を許可する．これがメトロポリス・ヘイスティングス法のアイデアである．$\alpha(x,y)$ を**採択関数**

(Acceptance probability) という．結局，交通整理を考慮したあとの都市 x から y への期待移動数は都市 y から x への期待移動数と同数の

$$\min \{\pi(y)q(y,x), \pi(x)q(x,y)\}$$

になる．

　メトロポリス・ヘイスティングス法は，理想人口を保つ，この奇妙な世界に住むある人物に着目する．その人物が世界中を移動する様子を記録することによって，世界の理想人口分布を知ろうということだ．この人物の振る舞いがマルコフ連鎖になっており，そのマルコフカーネルを**メトロポリス・ヘイスティングス (Metropolis–Hastings: MH) カーネル**という．

　世界人口の例を踏まえてメトロポリス・ヘイスティングス法のちゃんとした定義をおこなう．状態空間 E は $\mathbb{R}^d$ の部分集合とする．Π は確率分布，$Q(x,\cdot)$ はマルコフカーネルで，確率密度関数 $\pi(x)$，$q(x,y)$ を持つとする．マルコフカーネル Q は**提案カーネル (Proposal kernel)** と呼ばれる．メトロポリス・ヘイスティングス法は次の繰り返し計算をおこなうアルゴリズムである．

　Step 0. 初期値 x を取る．

　Step 1. y を $Q(x,\cdot)$ から生成する．

　Step 2. $u \sim \mathcal{U}[0,1]$ とする．

　Step 3. $u \leq \alpha(x,y)$ なら $x \leftarrow y$ とする．Step 2 に戻る．

　ここで，$x \rightarrow y$ や $x \leftarrow y$ を，変数 x の値を変数 y に代入する作用をあらわすことにする．メトロポリス・ヘイスティングス法では $x \leftarrow y$ となることを，**提案 (Proposal)** y が採択されたという．採択されなかった場合，提案 y は棄却されたという．採択された割合，**採択率 (Acceptance rate)** はアルゴリズムの調整に有用な統計量の一つである．

　メトロポリス・ヘイスティングス法に対し

$$R(x) = 1 - \int_{\mathbb{R}^d} \alpha(x,y)q(x,y)\mathrm{d}y$$

を棄却関数という．先程の例で考えると，都市 x に翌日も留め置かれる確率である．なお，このように先程の奇妙な世界の例はこのあともしばらく引きずられる．マルコフカーネルは都市 x にいる人が，次に地域 A にいる確率で

$$P(x,A) := \mathbb{P}(X_{n+1} \in A | X_n = x) = \int_A q(x,y)\alpha(x,y)\mathrm{d}y + R(x)\delta_x(A)$$

となる．ただし，$\delta_x(A)$ は (4.6) で定義された，都市 x がもともと地域 A に入っていれば 1 を，そうでなければ 0 を返すマルコフカーネルである．

定理 6.1 対称性

メトロポリス・ヘイスティングスカーネルは Π-対称．とくに，Π-不変である．

証明 X_0 が Π に従い，X_1 は X_0 のもと，上のルールで生成される．このとき，(X_0, X_1) の結合分布と，(X_1, X_0) の結合分布が同じであることを示す．メトロポリス・ヘイスティングス法は二つの振る舞いがあることに注意する．一つは正しく別の都市に移動できる場合で，もう一つは留め置かれる場合である．二つの場合に応じて，確率が分割できる．集合 A, B を二つの地域とする．すると

$$\mathbb{P}(X_0 \in A, X_1 \in B) = \int_A \pi(x)\, \mathbb{P}(X_1 \in B | X_0 = x)\, \mathrm{d}x$$

$$= \int_{x \in A, y \in B} \pi(x) q(x, y) \alpha(x, y) \mathrm{d}x\mathrm{d}y + \int_{A \cap B} R(x) \pi(x) \mathrm{d}x$$

となる．右辺第一項は，X_0 が地域 A にいて，次の都市として地域 B の都市を選び，そしてそれが認められる確率である．一方，第二項は X_0 が地域 A にいて，移動が認められなかったけれど，最終的に地域 B にいる確率だ．だから第二項の場合は，X_0 は地域 A と地域 B に同時に含まれる場所にいたはずだ．第二項は A, B を入れ替えても同じ確率である．実は第一項も $\alpha(x, y)$ の中身を見れば

$$\int_{x \in A, y \in B} \pi(x) q(x, y) \alpha(x, y) \mathrm{d}x\mathrm{d}y = \int_{x \in A, y \in B} \min\{\pi(x) q(x, y), \pi(y) q(y, x)\}\, \mathrm{d}x\mathrm{d}y$$

となり，A, B を取り替えても確率が同じになる．なぜなら，上の式はさらに

$$\int_{x \in A, y \in B} \min\{\pi(y) q(y, x), \pi(x) q(x, y)\}\, \mathrm{d}x\mathrm{d}y = \int_{x \in A, y \in B} \pi(y) q(y, x) \alpha(y, x) \mathrm{d}x\mathrm{d}y$$

と変形できるからだ．だから，確率 $\mathbb{P}(X_0 \in A, X_1 \in B)$ の A, B を取り替えてもいいのだから，$X_0 \in A, X_1 \in B$ であっても $X_0 \in B, X_1 \in A$ でも同じ確率ということだ．したがって，(X_0, X_1) と (X_1, X_0) の従う確率分布は同じである．よって Π-対称であって，定理 4.8 よりとくに Π-不変である． ∎

定理 6.2 エルゴード性

メトロポリス・ヘイスティングスカーネルは任意の E の点 x, y に対し $\pi(x) > 0, q(x, y) > 0$ ならエルゴード的．

証明 上の定理からメトロポリス・ヘイスティングスカーネルが Π-不変であることはわかっている．したがって $P(x, \cdot), P(y, \cdot)$ が互いに特異にならなければ良い．メトロポリス・ヘイスティングスカーネルの作り方から，

$$\mathbb{P}(X_1 \in A | X_0 = x) \geq \int_A q(x, y) \alpha(x, y) \mathrm{d}y$$

である．関数 $\pi(x), q(x,y)$ の仮定から $k(x,y) := q(x,y)\alpha(x,y) > 0$．よって定理 4.6 から結論が成り立つ． ∎

　上述の正則条件のもと，メトロポリス・ヘイスティングスカーネルに対して大数の法則が成り立つ．とくに，採択率は**期待採択率 (Expected acceptance rate)**

$$\int_E \int_E \alpha(x,y)\pi(x)q(x,y)\mathrm{d}x\mathrm{d}y = \int_E \int_E \min\{\pi(x)q(x,y), \pi(y)q(y,x)\}\mathrm{d}x\mathrm{d}y$$

に収束する．期待採択率は，採択率，すなわち M 回のうち採択された提案の割合で推定される．二変量ギブスサンプラーは採択関数が常に 1 となるメトロポリス・ヘイスティングス法とも言える．メトロポリス・ヘイスティングス法はモデルに外的に定義したアルゴリズムだった．その採択関数が 1 ではないところに，外的な定義のひずみがあらわれていると言える．

➤ 6.2　独立型メトロポリス・ヘイスティングス法

　メトロポリス・ヘイスティングス法は Π を不変分布として持つマルコフ連鎖を構成する方法の一つであった．提案カーネル Q の選び方に自由度がある．本章では一般的な提案カーネルをいくつか紹介する．パフォーマンスは提案カーネルに大きく依存するので，その選択は慎重にすべきだ．

　この節では，提案カーネルが確率分布であるとき，すなわち $q(x,y) = q(y)$ となる確率密度関数 $q(x)$ があるとしよう．このとき確率分布 Q を**提案分布 (Proposal distribution)** という．すると採択関数は

$$\alpha(x,y) = \min\left\{1, \frac{\pi(y)q(x)}{\pi(x)q(y)}\right\}$$

と書ける．メトロポリス・ヘイスティングス法は以下になる．

　Step 0. 初期値 x を定める．

　Step 1. y を確率分布 Q から生成する．

　Step 2. $u \sim \mathcal{U}[0,1]$ とする．

　Step 3. $u \leq \alpha(x,y)$ なら $x \leftarrow y$ とする．

　Step 4. Step 1 に戻る．

　上の手続きの，y の生成が x に独立であるから，この方法を**独立型メトロポリス・ヘイスティングス (Independent type Metropolis–Hastings) 法**といい，マルコフカーネルを独立型メトロポリス・ヘイスティングスカーネルと呼ぶ．

定理 6.3　対称性

　独立型メトロポリス・ヘイスティングスカーネルは Π-対称．とくに，Π-不変である．また，任意の x に対し $\pi(x) > 0, q(x) > 0$ ならエルゴード的である．

例 6.1　$x \sim \mathcal{N}(\theta, 1), \theta \sim \mathcal{C}(0, 1)$ とする．ただし，$\mathcal{C}(0, 1)$ はコーシー分布である．すると事後密度関数は

$$\pi(\theta) = p(\theta | x) = C \exp\left(-\frac{(x - \theta)^2}{2}\right) \frac{1}{1 + \theta^2}$$

と書ける．ただし，$C > 0$ は正規化定数である．このとき，Q として $\mathcal{N}(x, 1)$ や $\mathcal{C}(0, 1)$ として独立型メトロポリス・ヘイスティングス法を構成できる．$Q = \mathcal{N}(x, 1)$ と取ると，Q の確率密度関数は $q(\theta) = \exp(-(\theta - x)^2/2)/\sqrt{2\pi}$ であり，採択関数は

$$\alpha(\theta, \theta^*) = \min\left\{1, \frac{1 + \theta^2}{1 + (\theta^*)^2}\right\}$$

となる．また，$Q = \mathcal{C}(0, 1)$ と取ると，Q の確率密度関数は $q(\theta) = 1/(\pi(1 + \theta^2))$ だから，採択関数は

$$\alpha(\theta, \theta^*) = \min\left\{1, \exp\left(\frac{(x - \theta)^2}{2} - \frac{(x - \theta^*)^2}{2}\right)\right\}$$

となる．図 6.1 を見ると，二つのメトロポリス・ヘイスティングス法は似通った振る舞いをしている．しかし，前者の方が採択率が高く，収束も速そうだ．

　図 6.1 の下段の自己相関の推定量の図は，メトロポリス・ヘイスティングス法のパフォーマンスをうかがう，すなわち診断をする上で重要である．x 軸がラグをあらわし，y 軸は自己相関の推定量である．ラグが大きくなるにつれ，自己相関が 0 へ速く収束するのであれば，メトロポリス・ヘイスティングスカーネルの Π への収束が速いことが示唆される．実際のマルコフ連鎖モンテカルロ法の応用では，自己相関をはじめ，マルコフ連鎖から得られる様々な統計量やその推移を見ることで，アルゴリズムが想定通り正しく動いているか，Π へちゃんと収束しているか，その収束が早いか遅いかを理解する．これらの統計量は直接マルコフ連鎖の収束を測るものではなく，経験的に収束と関連が強いと信じられているだけだから，絶対的基準になりえない．状況に応じて適切な診断手法を選ぶ必要がある．こうした実践上のノウハウは本書の範囲を越える．

◀ リスト 6.1　正規・コーシーモデルの独立型メトロポリス・ヘイスティングス法 ▶

```
1  set.seed(1234)
2  theta0 <- 2.0
```

```r
 3    x <- rnorm(1) + theta0
 4    M <- 1e3
 5
 6    # Q = N(x,1)としたMH法
 7    prop <- rnorm(M)+x
 8    u <- runif(M)
 9    theta_vec <- numeric(M)
10    theta <- rnorm(1)
11    theta_vec[1] <- theta
12    for(i in 2:M){
13      if(u[i] <= (1+theta^2)/(1+prop[i]^2)){
14        theta <- prop[i]
15      }
16      theta_vec[i] <- theta
17    }
18
19    data.fr <- data.frame(x=1:M, theta=theta_vec)
20
21    index <- (1:M)[diff(theta_vec)==0]
22    datar.fr <- data.frame(x=index, theta=theta_vec[index])
23
24    ggplot(data.fr,aes(x=x,y=theta))+geom_line(col=blue) + geom_point(aes(x=x,y=theta),data=
          datar.fr,col=black, size=2, alpha=0.5) + theme_bw()
25    ggplot(data.fr,aes(x=theta))+geom_histogram(aes(y = ..density..), fill = "blue", alpha =
          0.75)+theme_bw()
26
27    # Q = C(0,1)としたMH法
28    prop <- rcauchy(M)
29    u <- runif(M)
30    theta_vec <- numeric(M)
31    theta <- rnorm(1)
32    theta_vec[1] <- theta
33    for(i in 2:M){
34      if(u[i] <= exp((theta-x)^2/2-(prop[i]-x)^2/2)){
35        theta <- prop[i]
36      }
37      theta_vec[i] <- theta
38    }
39
40    data.fr <- data.frame(x=1:M, theta=theta_vec)
41
42    index <- (1:M)[diff(theta_vec)==0]
43    datar.fr <- data.frame(x=index, theta=theta_vec[index])
44
```

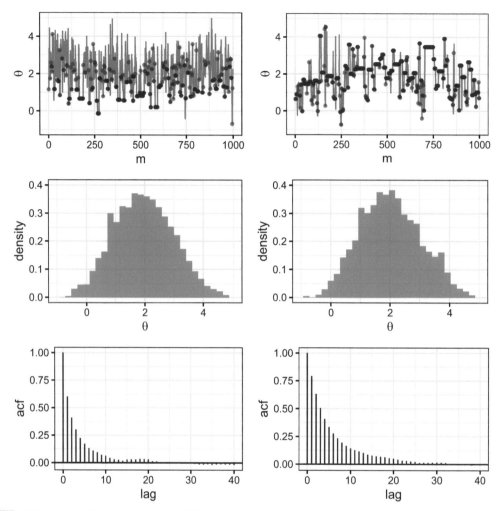

図 6.1　正規・コーシーモデルの二つのメトロポリス・ヘイスティングス法の出力．左側が $Q = \mathcal{N}(x, 1)$ としたもの，右側が $Q = \mathcal{C}(0, 1)$ としたもの．上段は経路で，黒い点はメトロポリス・ヘイスティングス法特有の，棄却が起きた状態をあらわしている．中段はヒストグラムで，おおよそ似通った形になっている．下段の自己相関の推定量の図を見ても両者ともに自己相関の 0 への収束が見え，メトロポリス・ヘイスティングス法の有効性がうかがわれる．なお，上段は長さ 10^3，それ以外は 10^4 のマルコフ連鎖を使った．長さ 10^4 のマルコフ連鎖の採択率はそれぞれ $0.591, 0.215$ だった．

```
45  ggplot(data.fr,aes(x=x,y=theta))+geom_line(col=blue) + geom_point(aes(x=index,y=theta),
       data=datar.fr,col=black, size=2, alpha=0.5) + theme_bw()
46  ggplot(data.fr,aes(x=theta))+geom_histogram(aes(y = ..density..), fill = "blue", alpha =
       0.75)+theme_bw()
```

棄却法や重点サンプリングでは，割合 $\pi(x)/q(x)$ がそれらの有効性を決定づけた．棄却法では

$$M := \sup_{x \in \mathbb{R}^d} \frac{\pi(x)}{q(x)} \tag{6.1}$$

と置いたときの M^{-1} が期待繰り返し回数をあらわしたし，重点サンプリング法では推定量の分散が $\pi(x)/q(x)$ の大きさに依存した．独立型メトロポリス・ヘイスティングス法でも M の大きさに気をつける必要がある．この量が，$P(x, \cdot), P(y, \cdot)$ の確率密度関数を図示した際の図 4.7 の赤い領域の面積 $1 - \|P(x, \cdot) - P(y, \cdot)\|_{\mathrm{TV}}$ に関係する．独立型メトロポリス・ヘイスティングス法では，

$$\frac{q(x)}{\pi(x)} \leq M^{-1}$$

より，$M < \infty$ であれば

$$
\begin{aligned}
P(x, A) &\geq \int_A q(y) \alpha(x, y) \mathrm{d}y \\
&= \int_A q(y) \min \left\{ 1, \frac{\pi(y)q(x)}{\pi(x)q(y)} \right\} \mathrm{d}y \\
&= \int_A \pi(y) \min \left\{ \frac{q(y)}{\pi(y)}, \frac{q(x)}{\pi(x)} \right\} \mathrm{d}y \\
&\geq M^{-1} \int_A \pi(y) = M^{-1}\Pi(A)
\end{aligned}
$$

となる．したがって x によらず，$P(x, \cdot)$ は下から $M^{-1}\Pi$ で評価される．図 4.7 の赤い領域の面積 $1 - \|P(x, \cdot) - P(y, \cdot)\|_{\mathrm{TV}}$ は $M^{-1}\Pi(\mathbb{R}^d) = M^{-1}$ 以上であり．これは x, y に依存しないことがなんとなくわかるだろう．厳密に示すのはやや発展的になるが，

$$Q(x, A) = (P(x, A) - M^{-1}\Pi(A))/(1 - M^{-1})$$

なるマルコフカーネルを用意しよう．すると，

$$P(x, A) = (1 - M^{-1})Q(x, A) + M^{-1}\Pi(A)$$

となる．だから，青い領域の面積 + 緑の領域の面積は，

$$\|P(x, \cdot) - P(y, \cdot)\|_{\mathrm{TV}} = (1 - M^{-1})\|Q(x, \cdot) - Q(y, \cdot)\|_{\mathrm{TV}} \leq 1 - M^{-1}$$

となる．最後の不等式で，全変動はたかだか 1 であること，すなわち，$\|Q(x, \cdot) - Q(y, \cdot)\|_{\mathrm{TV}} \leq 1$ を使った．よって赤い領域の面積 $1 - \|P(x, \cdot) - P(y, \cdot)\|_{\mathrm{TV}}$ が M^{-1} 以上であることがわかる．

このように，赤い領域の面積を下から一様に評価できることと，マルコフカーネルが一様エルゴード的であることは同値である．一方 $M = +\infty$ なら赤い領域の面積を下から一様に評価することはできないが，エルゴード的にはなりうる．

➤ 6.3 ランダムウォーク型メトロポリス法

6.3.1 ランダムウォーク型メトロポリス法の性質

メトロポリス・ヘイスティングス法で最も一般的なのは**ランダムウォーク型メトロポリス (Random-walk Metropolis: RWM) 法**である．状態空間 E は $\mathbb{R}^d$ とし，任意の $\mathbb{R}^d$ の点 $x = (x_1, \ldots, x_d)$ に対し，

$$\|x\| = \left(\sum_{i=1}^{d} x_i^2 \right)^{1/2}$$

とする．ランダムウォーク型メトロポリス法の提案カーネル $Q(x, \cdot)$ の確率密度関数 $q(x, y)$ は，ある原点対称な確率密度関数 $\gamma(x)$ によって

$$q(x, y) = \gamma(y - x)$$

と書ける．ただし，関数 $\gamma(x)$ は $\gamma(x) = \gamma(-x)$ となるとき原点対称という．このとき，$\gamma(x)$ の原点対称性から $q(x, y) = q(y, x)$ である．したがって採択関数は

$$\alpha(x, y) = \min \left\{ 1, \frac{\pi(y)}{\pi(x)} \right\}$$

と書ける．確率密度関数 $\gamma(x)$ を持つ確率分布を Γ と書き，**提案分布 (Proposal distribution)** という．次の手続きをランダムウォーク型メトロポリス法といい，対応するマルコフカーネルをランダムウォーク型メトロポリス (Random-walk Metropolis) カーネルという．y の生成はランダムウォークと同じ形である．

Step 0. 初期値 x を定める．

Step 1. $y = x + w, w \sim \Gamma$ とする．

Step 2. $u \sim \mathcal{U}[0, 1]$ とする．

Step 3. $u \le \alpha(x, y)$ なら $x \leftarrow y$ とする．

Step 4. Step 1. に戻る．

例 6.2 $\Pi = \mathcal{N}(0, I_d)$ としたランダムウォーク型メトロポリス法を考える．ここで I_d は $d \times d$ の単位行列である．このとき

$$\alpha(x, y) = \min \left\{ 1, \exp \left(\frac{\|x\|^2 - \|y\|^2}{2} \right) \right\}$$

となる．ここでは $\Gamma = \mathcal{N}(0, \sigma^2 I_d)$ とした．$d = 2$ で $\sigma = 0.5$ としたのが図 6.2 である．この場合 σ が調整パラメータである．その選択によってマルコフ連鎖の振る舞いは大きく変わる．

リスト 6.2　正規分布に対するランダムウォーク型メトロポリス法

```
1   set.seed(1234)
2   d <- 2
3   sd <- 0.5
4   x <- rnorm(d)
5   M <- 1e3
6   x_mat <- matrix(0, nrow=M, ncol=d)
7   x_mat[1,] <- x
8   for(i in 2:M){
9     y <- x + sd * rnorm(d)
10    if(runif(1) <= prod(dnorm(y)/dnorm(x))){
11      x <- y
12    }
13    x_mat[i,] <- x
14  }
15
16  data.fr <- data.frame(x=x_mat[,1], y=x_mat[,2])
17  index <- (1:M)[diff(x_mat[,1])==0]
18  datar.fr <- data.frame(x=x_mat[index,1], y=x_mat[index,2])
19  ggplot(data.fr,aes(x=x, y=y)) + geom_path(color = "blue", alpha=0.75) + geom_point(aes(x=x
        ,y=y), seize=2, color = "blue", alpha=0.25) + geom_point(aes(x=x,y=y), data=datar.fr,
        seize=2, color = "blue") + theme_bw()
```

定理 6.4　ランダムウォーク型メトロポリス法のエルゴード性

　任意の $x \in \mathbb{R}^d$ に対して $\pi(x) > 0, \gamma(x) > 0$ となるとき，ランダムウォーク型メトロポリスカーネルはエルゴード性を持つ.

　一般に，距離空間で $\pi(x) > 0$ となる x の領域が有界ではないときはランダムウォーク型メトロポリスカーネルは一様エルゴード的にはならない. しかし，それより少し弱い，**指数的エルゴード性** (**Exponentially ergodic**) を持つことがある. 指数的エルゴード性とは，ある $C(x), 0 < \rho < 1$ と，不変確率分布 Π があって，

$$\|P^n(x, \cdot) - \Pi\|_{\mathrm{TV}} \le C(x)\rho^n$$

となり，なおかつ

$$\int_{\mathbb{R}^d} C(x)\pi(x)\mathrm{d}x < \infty$$

となることを言う. 最初の条件は $C(x)$ が大きければ大きいほど緩い条件であり，一方，二番目の条

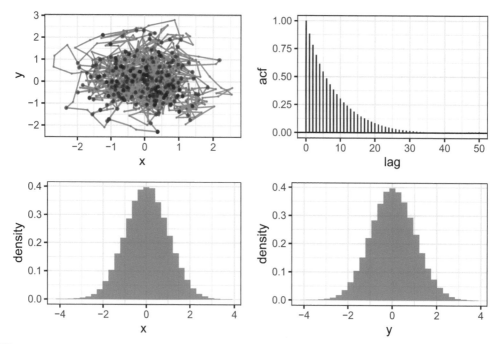

図 6.2 二次元 ($d = 2$) の正規分布を Π としたランダムウォーク型メトロポリス法の出力. $\Gamma = \mathcal{N}(0, \sigma^2 I_d)$ で $\sigma = 0.5$ とした. 左上は経路で, 黒い点は棄却が起きた点をあらわす. 右上は自己相関の推定量の図である. 多次元のマルコフ連鎖の場合, 自己相関は行列値になり図示しにくい. ここでは $\log \pi(x)$ の自己相関を描いた. 左下は x_1 の右下は x_2 のヒストグラムである. 左上は長さ 10^3, それ以外は長さ 10^5 のマルコフ連鎖を用いた. 採択率は 0.75524 だった.

件は $C(x)$ が極端に大きくはならないことを規定する. 実は, RWM カーネルが指数的エルゴード性をもつなら

$$\int_{\mathbb{R}^d} \exp(s\|x\|)\pi(x)\mathrm{d}x < \infty$$

となる $s > 0$ が存在する [*1]. だから, Π はコーシー分布のような裾の重い分布にはなれない. 一方, 裾が十分軽い分布でありかつ, 十分小さな c に対し, $\pi(x) = c$ なる等高線が丸い形をしていれば RWM カーネルは指数的エルゴード性をもつ.

▶ 6.3.2 調整パラメータの選択

提案分布 Γ は調整パラメータで, その選択は容易ではない. 自己相関関数も役立つが, ランダムウォーク型メトロポリス法では**期待二乗跳躍距離 (Expected squared jumping distance)** も使われる. $X_0, X_1, \ldots$ をランダムウォーク型メトロポリス法で定まるマルコフ連鎖としたとき, $X_0 \sim \Pi$ と仮定して, 期待二乗跳躍距離は

$$\mathbb{E}\left[\|X_1 - X_0\|^2\right] = \int_{\mathbb{R}^d} \|w\|^2 \alpha(x_0, x_0 + w)\gamma(w)\pi(x_0)\mathrm{d}w\mathrm{d}x_0$$

[*1] 一次元の場合は「Mengersen and Tweedie (1996)」によって示された. 多次元の場合は「Jarner and Tweedie (2003)」による.

で定義される．この値が大きければマルコフ連鎖は十分動いており，パフォーマンスが良いだろうと理解される．期待二乗跳躍距離は

$$\frac{1}{M} \sum_{m=1}^{M} \|X_m - X_{m-1}\|^2$$

で推定される．

> 注　$X_0 \sim \Pi$ とするのは実践上はナンセンスである．なぜなら，マルコフ連鎖モンテカルロ法を利用する目的が Π やその近似に従う乱数を生成することだったから，X_0 を Π に従うように生成できる状況で使うものではないからだ．以下でも，あくまで理論的帰結を得るために $X_0 \sim \Pi$ を仮定していることに注意せよ．

上で述べたように，確率分布 Γ の選択は一般には難しい．特別な場合として，$\Gamma = \mathcal{N}(0, \sigma^2 I_d)$，$\Pi = \mathcal{N}(0, I_d)$ の σ^2 の選択問題を考えよう．$X_0 \sim \Pi$ とすると，RWM カーネルが定めるマルコフ連鎖は，$n = 0, 1, \dots$ について

Step 0.　初期値 X_0 を定める．ここでは $X_0 \sim \Pi$ とする．$n = 1$ とする．

Step 1.　$Y_n = X_{n-1} + \sigma W_n$ とする．ただし $W_n \sim \mathcal{N}(0, I_d)$．

Step 2.　$U_n \sim \mathcal{U}[0,1]$ とする．もし $U_n \le \alpha(X_{n-1}, Y_n)$ なら $X_n = Y_n$ とする．そうでなければ $X_n = X_{n-1}$ とする．$n \leftarrow n+1$ とする．

Step 3.　Step 1. に戻る．

で定められる．まず次の定理を示す．証明はやや確率論の知識を使う．

定理 6.5　期待採択率

$\Gamma = \mathcal{N}(0, \sigma^2 I_d)$，$\Pi = \mathcal{N}(0, I_d)$ のとき，ランダムウォーク型メトロポリス法の期待採択率は

$$2\mathbb{E}\left[\Phi\left(-\frac{\sigma}{2}\|W\|\right)\right]$$

となり，期待二乗跳躍距離は

$$2\sigma^2 \mathbb{E}\left[\|W\|^2 \Phi\left(-\frac{\sigma}{2}\|W\|\right)\right]$$

となる．ただし，$W \sim \mathcal{N}(0, I_d)$．

証明　提案 Y_1 が X_1 として採択される場合，必ず $\|X_0\|^2 \ne \|X_1\|^2$ となる．まずこの事実を確認しよう．採択されるなら $X_1 = Y_1 = X_0 + \sigma W_1$ であり，$\|X_0\|^2 = \|X_1\|^2$ となるには W_1 がちょうどノルム $\|\cdot\|$ を変えない集合，

$$C(X_0) := \{w \in \mathbb{R}^d : \|X_0\|^2 = \|X_0 + \sigma w\|^2\}$$

に含まれなければいけない．すると $C(X_0)$ は厚みのない集合で，体積 0 である．だから $\mathbb{P}(W_1 \in C(X_0)) = 0$ となるから，必ず $\|X_0\|^2 \neq \|X_1\|^2$ となるのである．逆に $\|X_0\|^2 \neq \|X_1\|^2$ なら X_1 は採択されているはずだから，結局，期待採択率は，確率

$$\mathbb{P}(\|X_0\|^2 \neq \|X_1\|^2)$$

と同じである．RWM カーネルの Π-対称性から，(X_0, X_1) の従う確率分布と (X_1, X_0) の従う確率分布は等しい．だから

$$\mathbb{P}(\|X_0\|^2 \neq \|X_1\|^2) = \mathbb{P}(\|X_0\|^2 > \|X_1\|^2) + \mathbb{P}(\|X_0\|^2 < \|X_1\|^2)$$
$$= 2\mathbb{P}(\|X_0\|^2 > \|X_1\|^2).$$

ここで，

$$\|x\|^2 > \|y\|^2 \implies \alpha(x, y) = \min\left\{1, \exp\left(\frac{\|x\|^2}{2} - \frac{\|y\|^2}{2}\right)\right\} = 1$$

だから，$\|X_0\|^2 > \|Y_1\|^2$ なら採択率 100% であって，したがって必ず Y_1 は X_1 として採択される．逆に，$\|X_0\|^2 > \|X_1\|^2$ なら Y_1 は当然採択されていたはずで，しかも $X_1 = Y_1$ のはずだ．すなわち

$$\|X_0\|^2 > \|Y_1\|^2 \iff \|X_0\|^2 > \|X_1\|^2$$

ということである．よって

$$\mathbb{P}(\|X_0\|^2 \neq \|X_1\|^2) = 2\mathbb{P}(\|X_0\|^2 > \|Y_1\|^2) = 2\mathbb{P}(\|X_0\|^2 > \|X_0 + \sigma W_1\|^2)$$

である．ここで，マルコフ連鎖の手続きでは X_0 を設定したあとで W_1 を生成する．この手続きを逆に，W_1 が固定されていて，X_0 が $\mathcal{N}(0, I_d)$ に従うと捉えよう．独立だからどのように考えても自由なはずだ．固定されていることがわかりやすいように，W_1 を w_1 と書こう．そうすると，

$$\|X_0\|^2 > \|X_0 + \sigma w_1\|^2 \iff \|X_0\|^2 > \|X_0\|^2 + 2\sigma \sum_{i=1}^{d} X_{0i} w_{1i} + \sigma^2 \|w_1\|^2$$

$$\iff \sum_{i=1}^{d} X_{0i} \frac{w_{1i}}{\|w_1\|} < -\frac{\sigma}{2} \|w_1\|$$

となる．ただし，X_0, w_1 の第 i 成分を X_{0i}, w_{1i} と書いた．すると，正規分布の再生性から，左辺はちょうど標準正規分布に従う．だから，上の不等式が成り立つ確率は

$$\Phi\left(-\frac{\sigma}{2} \|w_1\|\right)$$

である．ここまで計算されたあとであらためて $W_1 \sim \mathcal{N}(0, I_d)$ であることを思い返せば

$$\mathbb{P}(\|X_0\|^2 \neq \|X_1\|^2) = 2\mathbb{E}\left[\Phi\left(-\frac{\sigma}{2} \|W_1\|\right)\right]$$

となる.

期待二乗跳躍距離についても同じように導出できる. まず今と同じように

$$\mathbb{E}[\|X_0 - X_1\|^2] = \mathbb{E}[\|X_0 - X_1\|^2, \|X_0\|^2 > \|X_1\|^2] + \mathbb{E}[\|X_0 - X_1\|^2, \|X_0\|^2 < \|X_1\|^2]$$

と二つの部分に分けることができる. すると RWM カーネルの Π-対称性から

$$\mathbb{E}[\|X_0 - X_1\|^2] = 2\mathbb{E}[\|X_0 - X_1\|^2, \|X_0\|^2 > \|X_1\|^2]$$

となる. また先程と同じように X_1 と Y_1 を取り替えて,

$$\mathbb{E}[\|X_0 - X_1\|^2] = 2\mathbb{E}[\|X_0 - Y_1\|^2, \|X_0\|^2 > \|Y_1\|^2] = 2\sigma^2\mathbb{E}[\|W_1\|^2, \|X_0\|^2 > \|X_0 + \sigma W_1\|^2]$$

となる. すると W_1 を固定して w_1 と書き, X_0 を標準正規分布に従う乱数とすると

$$2\sigma^2\mathbb{E}[\|w_1\|^2, \|X_0\|^2 > \|X_0 + \sigma w_1\|^2] = 2\sigma^2\|w_1\|^2\mathbb{P}(\|X_0\|^2 > \|X_0 + \sigma w_1\|^2)$$
$$= 2\sigma^2\|w_1\|^2\Phi\left(-\frac{\sigma}{2}\|w_1\|\right)$$

を得る. 最後に $W_1 \sim \mathcal{N}(0, I_d)$ として期待値を取れば結論を得る. ∎

さらに計算を簡単にするために, 次元数の $d \to \infty$ なる極限を考えよう. 実は, この極限を考える際に, σ を次元に依存せず固定したままだと, 期待採択率も期待二乗跳躍距離も 0 へ収束してしまう. こうした事実は経験的に知られており, 次元が高ければ σ を小さめに設定することがおこなわれる. W の大きくなる勢いを相殺するように,

$$\sigma^2 = \frac{l^2}{d}$$

としよう. 大数の法則から, $W \sim \mathcal{N}(0, I_d)$ であるとき

$$\frac{\|W\|^2}{d} = \sum_{i=1}^{d} \frac{W_i^2}{d} \to 1$$

となる. ただし, W の第 i 成分を W_i と書いた. だから, $d \to \infty$ なる極限では, 期待採択率と期待二乗跳躍距離はそれぞれ

$$2\Phi\left(-\frac{l}{2}\right), \quad 2l^2\Phi\left(-\frac{l}{2}\right) \tag{6.2}$$

に収束する.

極限の関数は初等関数にはならないが, 解析は可能である. 図 6.3 のように期待採択率は l とともに単調に減少するが, 期待二乗跳躍距離は l が小さくても大きすぎてもいけないことがわかる. おおよそ期待採択率を 23.4% 程度に取ると期待二乗跳躍距離が最大になる. この事実から, 採択率を

$$23.4\% \tag{6.3}$$

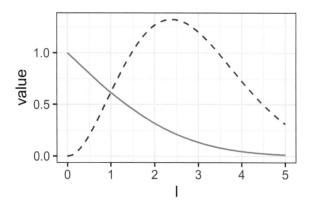

図 6.3 実線は期待採択率，点線が期待二乗距離．

近くになるように調整パラメータを選ぶ，調整パラメータの選択基準を作ることができる．この基準は
ベイズ統計学ではよく知られている [*2]．ここであつかった標準正規分布に対するランダムウォーク型
メトロポリス法だけでなく，より広い対象分布について良い基準であることが経験的に知られている．

➤ 6.4 ロジスティック回帰モデル

前章では二値データの解析にプロビットモデルを紹介した．**ロジスティック回帰 (Logistic re-gression) モデル**もよく使われる．ロジスティック回帰モデルでは従属変数 $y_1, \ldots, y_N$ は説明変数
$x_1, \ldots, x_N$ によって

$$\mathbb{P}(y_n = 1 | \theta, x_n) = \frac{\exp(\alpha + \beta x_n)}{1 + \exp(\alpha + \beta x_n)}, \ \mathbb{P}(y_n = 0 | \theta, x_n) = \frac{1}{1 + \exp(\alpha + \beta x_n)}$$

と書かれる．ただし，$\theta = (\alpha, \beta)$ である．プロビットモデルでの標準正規分布の累積分布関数 $\Phi(x)$ の
代わりに，ロジスティック分布の累積分布関数

$$F(x) = \frac{e^x}{1 + e^x}$$

が使われるモデルである．関数 $\Phi(x)$ は初等関数で書けなかった．しかし，ロジスティック分布の累
積分布関数は指数関数で平易な形に書けている．次の関係を持つ．証明は練習問題．

定理 6.6

$F(-x) = 1 - F(x), \ (\log F)'(x) = F(-x), \ (\log F)''(x) = -F(-x)F(x).$

二つの結果が起こりうるとき，一つの結果の確率を，もう一つの結果の確率で割ったものを**オッズ**

[*2] 「Roberts ら (1997)」による．

(**Odds**) という．この問題の場合，$y_n = 1$ のオッズは

$$\frac{\mathbb{P}(y_n = 1|\theta, x_n)}{\mathbb{P}(y_n = 0|\theta, x_n)} = \exp(\alpha + \beta x_n)$$

となる．対数をとったものを対数オッズという．この場合，

$$\mathrm{logit}(\mathbb{P}(y_n = 1|\theta, x_n)) := \log\left[\frac{\mathbb{P}(y_n = 1|\theta, x_n)}{\mathbb{P}(y_n = 0|\theta, x_n)}\right] = \alpha + \beta x_n$$

となる．ここで上の変換 $\mathrm{logit}(x) = \log(x/(1-x))$ を**ロジット変換 (Logit transform)** という．上のように，ロジット変換を施すと，説明変数に対する確率の線形関係を見ることができる．これはロジスティック分布の累積分布関数が

$$\mathrm{logit}(F(x)) = \log\frac{F(x)}{F(-x)} = x$$

を満たすことから来る．標準正規分布の累積分布関数 Φ ではこのような線形関係はない．

　ロジスティック回帰モデルでは初等関数で書ける累積分布関数を使うが，それでも頻度論における最尤推定量は平易な形で書けない．数値的に導出する必要がある．まず，尤度は y_n が 0 か 1 を取るので，

$$p(y^N|\theta) = \prod_{n=1}^{N}\left(\frac{\exp(\alpha + \beta x_n)}{1 + \exp(\alpha + \beta x_n)}\right)^{y_n}\left(\frac{1}{1 + \exp(\alpha + \beta x_n)}\right)^{1-y_n}$$

と書けることに注意しよう．分子と分母を分けてまとめると，

$$p(y^N|\theta) = \left\{\prod_{n=1}^{N}(1 + \exp(\alpha + \beta x_n))\right\}^{-1}\exp\left(\sum_{n=1}^{N}y_n(\alpha + \beta x_n)\right)$$

となる．対数尤度は

$$l(\theta) := \log p(y^N|\theta) = -\sum_{n=1}^{N}\log(1 + \exp(\alpha + \beta x_n)) + \sum_{n=1}^{N}y_n(\alpha + \beta x_n) \qquad (6.4)$$

となる．最尤推定量とは $l(\theta)$ を最大にする θ のことであった．式 (6.4) で定義される尤度は $l(\theta)$ を最大にする θ を解析的に導出することは難しい．数値的に解く方法は色々あり，ここではその一つを紹介しよう．

　ロジスティック回帰モデルを離れ，一般に $\mathbb{R}^d$ の部分集合をパラメータ空間として持つ対数尤度 $l(\theta)$ の最尤推定量を考える．尤度のパラメータ θ に関する一階微分，すなわちスコア関数 $\nabla l(\theta)$ と，二階微分 $\nabla^2 l(\theta)$ はそれぞれ

$$\nabla l(\theta) = \left(\frac{\partial}{\partial\theta_i}l(\theta)\right)_{i=1,\ldots,d},\ \nabla^2 l(\theta) = \left(\frac{\partial^2}{\partial\theta_i\partial\theta_j}l(\theta)\right)_{i,j=1,\ldots,d}$$

で定義される．最尤推定量 $\hat{\theta}$ はパラメータ空間の端ではないとする．すると対数尤度は $\hat{\theta}$ で極値を持つから，スコア関数がちょうど 0 になる．だから，その点の近傍 θ において，スコア関数にテイラー展開を施せば

$$\nabla l(\theta) = \nabla l(\theta) - \nabla l(\hat{\theta}) \approx \nabla^2 l(\theta)(\theta - \hat{\theta})$$

となる．この式を，θ から最尤推定量を求める式と思って解けば，

$$\hat{\theta} \approx \theta + (-\nabla^2 l(\theta))^{-1} \nabla l(\theta)$$

となる．この展開を利用した，最尤推定量を導出する計算手法が**ニュートン・ラフソン (Newton–Raphson) 法**である．次の手続きである．

Step 0. 初期値 θ を決める．

Step 1. $\theta \leftarrow \theta + (-\nabla^2 l(\theta))^{-1} \nabla l(\theta)$.

Step 2. Step 1. に戻る．

今回のロジスティック回帰モデルに当てはめれば，スコア関数は

$$\nabla l(\theta) = \sum_{n=1}^{N} \left\{ y_n - \frac{\exp(\alpha + \beta x_n)}{1 + \exp(\alpha + \beta x_n)} \right\} \begin{pmatrix} 1 \\ x_n \end{pmatrix}$$

となる．二回微分は

$$\nabla^2 l(\theta) = -\sum_{n=1}^{N} \frac{\exp(\alpha + \beta x_n)}{(1 + \exp(\alpha + \beta x_n))^2} \begin{pmatrix} 1 & x_n \\ x_n & x_n^2 \end{pmatrix}$$

となる．

図 6.4 の左図のように，ニュートン・ラフソン法は最尤推定量に非常に早くたどり着く様子が見える．一般に，ニュートン・ラフソン法は二階微分の計算が大変かつ不安定になることがある．本例でも初期値をうまくとらないと発散してしまう．これは人工データであるので真値があり，$\alpha = 0.3, \beta = 0.4$ が真値である．またサンプルサイズは 100 とした．

◀ リスト 6.3　ロジスティック回帰モデルに対するニュートン・ラフソン法 ▶

```
1   set.seed(1234)
2
3   N <- 100
4   theta <- c(0.3,0.4)
5
6   x <- matrix(c(rep(1,N),rnorm(N)), nrow = 2, byrow = TRUE)
7   p <- exp(as.vector(theta%*% x))/(1+exp(as.vector(theta%*% x)))
```

```
 8   u <- runif(N)
 9   y <- as.numeric(u <= p)
10
11
12   f <- function(theta){
13       sum(as.vector(theta %*% x) * y)-sum(log(1 + exp(as.vector(theta %*% x))))
14   }
15
16   df <- function(theta){
17       rowSums(t(t(x)*y)) - rowSums(t(t(x) * exp(as.vector(theta %*% x))/(1+ exp(as.vector(
             theta %*% x)))))
18   }
19
20   ddf <- function(theta){
21       prob <- exp(as.vector(theta%*% x))/(1+exp(as.vector(theta%*% x)))
22       -x %*% diag(prob*(1-prob))%*% t(x)
23   }
24
25   data.grid <- expand.grid(s.1 = seq(-5, 8, length.out=200), s.2 = seq(-5, 11, length.out
         =200))
26
27   pv <- numeric(0)
28   for(i in 1:(dim(data.grid)[1])){
29       pv <- append(pv,f(as.numeric(data.grid[i,])))
30   }
31
32   M <- 20
33   theta0 <- c(-1.5,1)
34
35   theta <- theta0
36   theta_mat <- matrix(0, nrow=M, ncol=2)
37   theta_mat[1,] <- theta0
38   for(m in 2:M){
39       theta <- theta - as.vector(solve(ddf(as.vector(theta))) %*% df(theta))
40       theta_mat[m,] <- theta
41   }
42
43   htheta <-theta
44
45   data.fr <- data.frame(x=theta_mat[,1],y=theta_mat[,2], z=1:M)
46
47   q.samp <- data.frame(cbind(data.grid, z = pv))
48
```

```
49  ggplot(q.samp, aes(x=s.1, y=s.2, z=z)) + geom_contour(color=black,alpha=0.5)+
50    geom_path(data=data.fr,aes(x=x,y=y,z=z),lty=2,color=black,alpha=0.5) +geom_point(data=
        data.fr,aes(x=x,y=y,z=z),color=black,alpha=0.5,size=I(2.0))+xlim(-5, 8) + ylim
        (-5, 11) + xlab(TeX("$\\theta_1$")) + ylab(TeX("$\\theta_2$")) + theme_bw()
```

　同じ問題をベイズ統計学的に解く．パラメータ θ には標準正規分布を事前分布として入れよう．事後密度関数は次のようだ．

$$p(\theta|y_N) \propto \left\{\prod_{n=1}^{N}(1+\exp(\alpha+\beta x_n))\right\}^{-1}\exp\left(\sum_{n=1}^{N}y_n(\alpha+\beta x_n)-\frac{\alpha^2+\beta^2}{2}\right).$$

この問題にランダムウォーク型メトロポリス法を適用してみよう．ここでは $\Gamma = \mathcal{N}(0, \sigma^2 I_2)$ とし，調整パラメータ σ^2 は，式 (6.3) の 23.4% ルールをおおよそ達成するものを選ぶ．ここでは $\sigma = 0.25$ とした．結果が図 6.4 右図である．もちろん定理 6.5 は正規分布の理論で，式 (6.3) のルールは，その高次元の場合として得られたから，直接このメトロポリス・ヘイスティングス法に適用するのはおかしい．しかし，式 (6.3) のルールは正規分布でなくても，次元が高くなくても頑健な結果であることが指摘されている [*3]．実際，図 6.5 を見れば，最大の期待二乗距離を与える σ は期待採択率が 23.4% であるときの σ と大きくは変わらない．

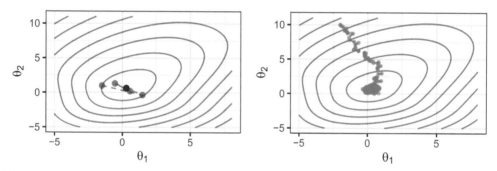

図 6.4　左図はニュートン・ラフソン法を 20 回，右図はランダムウォーク型メトロポリス法を 10^3 回繰り返し計算した．

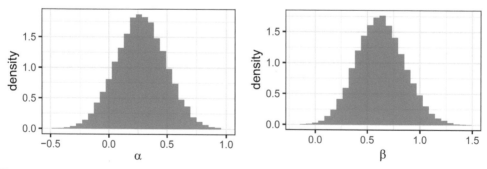

図 6.5　ランダムウォーク型メトロポリス法を 10^5 回繰り返し．α, β のヒストグラムを計算した．$\alpha = 0.3, \beta = 0.4$ が真値である．

[*3] 「Roberts ら (1997)」を見よ．

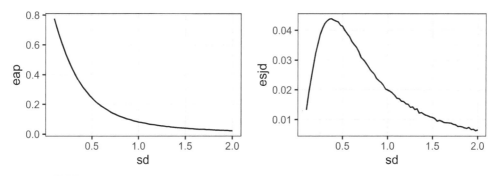

図6.6　ランダムウォーク型メトロポリス法の期待採択率（左図）と期待二乗距離（右図）

◀ **リスト6.4　ロジスティック回帰モデルに対するランダムウォーク型メトロポリス法** ▶

```
1   sd <- 0.25
2   theta <- theta0
3   M <- 1e5
4   theta_mat <- matrix(0, nrow=M, ncol=2)
5   theta_mat[1,] <- theta0
6   for(i in 2:M){
7     prop <- theta + sd * rnorm(2)
8     a <- f(prop)-f(theta)-sum(prop^2)/2 + sum(theta^2)/2
9     if(runif(1) <= exp(a)){
10      theta <- prop
11    }
12    theta_mat[i,] <- theta
13  }
14  data.fr <- data.frame(x=theta_mat[,1],y=theta_mat[,2], z=1:M)
15  ggplot(q.samp, aes(x=s.1, y=s.2, z=z)) + geom_contour(color = "blue",alpha=0.5) +theme_bw
        () +
16    geom_path(data=data.fr,aes(x=x,y=y,z=z),lty=2,color = "blue",alpha=0.5) + geom_point(
          data=data.fr,aes(x=x,y=y,z=z),color = "blue",alpha=0.5,size=2)+xlim(-5, 8) + ylim
          (-5, 11)+xlab("theta_1")+ylab("theta_2")
```

➤ 6.5　ハミルトニアン・モンテカルロ法

　本節では，発展的な内容として，ハミルトニアン・モンテカルロ法をあつかおう．まず，メトロポ
リス・ヘイスティングス法を捉え直すところからはじめよう．メトロポリス・ヘイスティングス法を

定義する際は x の遷移するアルゴリズムと考えていた．ここではメトロポリス・ヘイスティングス法は x と，生成される乱数 w の組 (x, w) の遷移として捉える．ランダムウォーク型メトロポリス法は次のようになる．

$$(x_0, w_1) \to (x_0 + w_1, -w_1) \rightsquigarrow (x_1, w_2) \to (x_1 + w_2, -w_2) \rightsquigarrow (x_2, w_3) \cdots$$

ここで $\to$ は確定的な遷移をあらわし，$\rightsquigarrow$ は確率的な遷移をあらわす．確定的な遷移で w_1 の符号が変わり，$-w_1$ になることがあとで重要になる．確定的な遷移は見ての通りだが，確率的な遷移は $w_n \sim \mathcal{N}(0, \sigma^2 I_d), u \sim \mathcal{U}[0, 1]$ および

$$x_n = \begin{cases} x_{n-1} + w_n & \text{if } u \leq \alpha(x_{n-1}, x_{n-1} + w_n) \\ x_{n-1} & \text{else} \end{cases}$$

をあらわす．結果的には x_n の系列はもとのランダムウォーク型メトロポリス法の出力と同じであることに注意しよう．乱数 w_n もペアにしたことにより，捉え直されたランダムウォーク型メトロポリス法の対象分布は

$$\pi(x) \phi_\sigma(w)$$

を確率密度関数として持つ．ただし，$\phi_\sigma(w)$ は正規分布 $\mathcal{N}(0, \sigma^2 I_d)$ の確率密度関数である．ここで，確定的な動き

$$\psi : (x, w) \mapsto (x + w, -w)$$

は $\psi(\psi(x, w)) = (x, w)$ となることが重要である．確定的な動きで w が $-w$ に移されるのは，二回 ψ を施せばもとに戻る，この性質を持つためである．今までの考え方と違って，すべての都市 (x, w) は唯一の姉妹都市 $(x + w, -w)$ があり，互いに行き来し合うというわけだ．だからこの場合，次の年の行き先の決め方は一通りであって，ランダムではない．

　理想の人口分布を保つためには，姉妹都市間を結ぶ道路の集中度にも注意する必要がある．道路の集中具合は関数 $\psi(x, w)$ の **ヤコビ行列式 (Jacobian determinant)** に関係している．ヤコビ行列式の定義は，本シリーズ「椎名，姫野，保科 (2019)」の 192 ページを参考にしてほしい．ヤコビ行列式を計算して，その絶対値が 1 であれば，道路の集中具合は均等であり，**体積保存性 (Volume preserving)** を持つという．本節であらわれるマルコフ連鎖モンテカルロ法は，体積保存性を持つ，すなわちすべて道路の集中具合が均等であるものを使う．

　もし道路の集中具合が均等なら，理想の人口分布 $\pi(x)\phi_\sigma(w)$ を保つためには，姉妹都市間の人口分布の比

$$\min \left\{ 1, \frac{\pi(x + w)\phi_\sigma(-w)}{\pi(x)\phi_\sigma(w)} \right\} = \alpha(x, x + w)$$

の確率で交通整理をすれば，理想的人口分布が保たれるはずだ．

　同じように独立型メトロポリス・ヘイスティングス法も捉え直そう．この場合，

$$(x_0, y_1) \to (y_1, x_0) \rightsquigarrow (x_1, y_2) \to (y_2, x_1) \rightsquigarrow (x_2, y_3) \cdots$$

なる遷移を考える．確定的な遷移はここでも見ての通りだが，確率的な遷移は $y_n \sim \Gamma, u \sim U[0,1]$ および

$$x_n = \begin{cases} y_n & \text{if } u \le \alpha(x_{n-1}, y_n) \\ x_{n-1} & \text{else} \end{cases}$$

をあらわす．ただし，Γ は提案分布．ここでも確定的な動き

$$\psi : (x, y) \mapsto (y, x)$$

は $\psi(\psi(x,y)) = (x,y)$ となる．独立型メトロポリス・ヘイスティングス法でも姉妹都市があり，道路の集中具合も均等であることがわかる．したがって，ランダムウォーク型メトロポリス法と，理想的分布を保つ工夫も同じである．

　ハミルトニアン・モンテカルロ (Hamiltonian Monte Carlo or Hybrid Monte Carlo: HMC) 法は，この捉え方での，ランダムウォーク型メトロポリス法の自然な発展である．ハミルトニアン・モンテカルロ法もランダムウォーク型メトロポリス法と同じく $\pi(x)\phi_\sigma(w)$ を対象分布の確率密度関数として持つ．ハミルトニアン・モンテカルロ法が特徴的なのは，姉妹都市を，$\pi(x)\phi_\sigma(w)$ の値が変わらない都市として取るところだ．次のハミルトニアンを用意しよう．$\pi(x)\phi_\sigma(w)$ の対数をとって符号を変えたものである．

定義 6.1　ハミルトニアン

　$H(x, w) = -\log \pi(x) - \log \phi_\sigma(w) = -\log \pi(x) + \|w\|^2/2\sigma^2 + \log(2\pi\sigma^2)/2$ を**ハミルトニアン (Hamiltonian)** という．

　さて，(x_0, w_0) から，姉妹都市 (x_1, w_1) を確定的に選ぶ方法を考えよう．対象分布の確率密度関数の値が同じということは，ハミルトニアンが同じということだ．このために，経由地 (x_t, w_t) $(0 < t < 1)$ を考え，どの経由地でもハミルトニアンが変わらないようにする．そのためには，次の**ハミルトン方程式**を導入するのは自然だろう．

定義 6.2　ハミルトン方程式

　次の微分方程式をハミルトン方程式という：

$$\frac{\mathrm{d}}{\mathrm{d}t} x_t = \frac{\partial H}{\partial w}(x_t, w_t), \ \frac{\mathrm{d}}{\mathrm{d}t} w_t = -\frac{\partial H}{\partial x}(x_t, w_t).$$

　ハミルトン方程式の解の経路 (x_t, w_t) ではハミルトニアンの値は変わらないことを示そう．

定理 6.7

　$\log \pi(x)$ が x について一回微分可能で，(x_t, w_t) がハミルトン方程式の解なら，

$$H(x_t, w_t) = H(x_0, w_0) \ (0 \le t \le 1).$$

証明 合成微分の公式より

$$\frac{\mathrm{d}}{\mathrm{d}t} H(x_t, w_t) = \frac{\partial H}{\partial x}(x_t, w_t)\frac{\mathrm{d}x_t}{\mathrm{d}t} + \frac{\partial H}{\partial w}(x_t, w_t)\frac{\mathrm{d}w_t}{\mathrm{d}t} = 0$$

より結論が従う. ∎

ハミルトニアン・モンテカルロ法における確定的な動きを次で定義する:

$$\psi_1 : (x_0, w_0) \mapsto (x_1, -w_1).$$

より一般に，h は任意の正の実数とし，ハミルトン方程式の解 $(x_t, w_t) \ (t \ge 0)$

$$\psi_h : (x_0, w_0) \mapsto (x_h, -w_h)$$

を考える. この h を**ステップ幅 (Step size)** と呼ぶことにしよう.

定理 6.8

$\log \pi(x)$ が x について一回微分可能で，任意の初期値に対しハミルトン方程式の解がある なら，

$$\psi_h(\psi_h(x, w)) = (x, w).$$

証明 $h = 1$ のみ示す. 一般の場合でも証明は変わらない. $x = x_0, w = w_0$ とする. 定義から

$$x_1 = x_0 + \int_0^1 \left(\frac{\partial H}{\partial w}\right)(x_t, w_t)\mathrm{d}t,$$

$$w_1 = w_0 - \int_0^1 \left(\frac{\partial H}{\partial x}\right)(x_t, w_t)\mathrm{d}t.$$

ここで $t = 1 - s$ と変数変換すると，

$$x_0 = x_1 - \int_0^1 \left(\frac{\partial H}{\partial w}\right)(x_{1-t}, w_{1-t})\mathrm{d}t,$$

$$-w_0 = -w_1 - \int_0^1 \left(\frac{\partial H}{\partial x}\right)(x_{1-t}, w_{1-t})\mathrm{d}t.$$

ここで，$H(x, w) = -\log \pi(x) + \|w\|^2/2\sigma^2$ だったから，

$$\frac{\partial H}{\partial w}(x, -w) = -\frac{\partial H}{\partial w}(x, w), \ \frac{\partial H}{\partial x}(x, -w) = \frac{\partial H}{\partial x}(x, w) \tag{6.5}$$

である. したがって, ハミルトニアンの引数の w と $-w$ を取り替えて

$$x_0 = x_1 + \int_0^1 \left(\frac{\partial H}{\partial w} \right)(x_{1-t}, -w_{1-t}) \mathrm{d}t,$$

$$-w_0 = -w_1 - \int_0^1 \left(\frac{\partial H}{\partial x} \right)(x_{1-t}, -w_{1-t}) \mathrm{d}t$$

となる. だから, $(x_0, -w_0)$ は $(x_1, -w_1)$ を初期値としたときのハミルトニアン方程式の $t = 1$ での解であり, さらに w の符号を反転すれば $\psi_1(\psi_1(x,w)) = (x,w)$ を得る. ∎

さらに, ψ_h は体積保存性を持つが, その証明は本書の範囲を超えるので割愛する. アルゴリズムをまとめると次のようだ.

Step 0. 初期値 x を取る.

Step 1. w を $\mathcal{N}(0, \sigma^2 I_d)$ から生成する.

Step 2. $(x, w) \leftarrow \psi_h(x, w)$ とする. Step 1. に戻る.

ハミルトニアン・モンテカルロ法の特筆すべき点は, 棄却が存在せず, すべての提案が採択されることである. ただし, ハミルトン方程式を解くのは技術的な問題がある. ベイズ統計学の応用で出てくる事後密度関数は複雑で, したがってハミルトニアンが複雑だからだ. だから近似をしないでハミルトン方程式はふつう解けない. いいかえれば, 近似なしのハミルトニアン・モンテカルロ法は現実的ではない.

ハミルトニアン・モンテカルロ法の確定的な動きを離散近似する必要がある. 様々な近似が可能であるが, よく使われるのは**馬跳び (Leapfrog) 法**である. 近似によってハミルトニアン・モンテカルロ法は実装が可能になる. その代償として, 棄却の手続きが出てくる.

馬跳び法ではハミルトニアン・モンテカルロの確定的な遷移を次のステップで代用する.

$$x_{h/2} = x_0 + \frac{h}{2} \left(\frac{\partial H}{\partial w} \right)(x_0, w_0),$$

$$w_h = w_0 - h \left(\frac{\partial H}{\partial x} \right)(x_{h/2}, w_0),$$

$$x_h = x_{h/2} + \frac{h}{2} \left(\frac{\partial H}{\partial w} \right)(x_{h/2}, w_h).$$

遷移 $(x_0, w_0) \to (x_h, -w_h)$ を φ_h と書く.

例 6.3　$H(x, w) = (x^2 + w^2)/2$ とする. するとハミルトン方程式の解は

$$x_t = r\cos(t + \alpha),\ w_0 = r\sin(t + \alpha).$$

で与えられる. ただし, r, α は

$$x_0 = r\cos(\alpha), w_0 = r\sin(\alpha)$$

を満たす．とくに，$r = 1$ なら，ハミルトン方程式の解は単位円を描く（図 6.7 左上）．
離散近似は馬跳び法に限らない．**オイラー (Euler) 法** は

$$x_h = x_0 + h\left(\frac{\partial H}{\partial w}\right)(x_0, w_0),$$

$$w_h = w_0 - h\left(\frac{\partial H}{\partial x}\right)(x_0, w_0)$$

によって近似する．オイラー法を繰り返した経路を図 6.7 右上に示す．ハミルトニア
ンが指数的オーダーで増える様子が見える．**修正されたオイラー (Modified Euler)
法** では

$$w_h = w_0 - h\left(\frac{\partial H}{\partial x}\right)(x_0, w_0),$$

$$x_h = x_0 + h\left(\frac{\partial H}{\partial w}\right)(x_0, w_h).$$

で近似する（図 6.7 左下）．オイラー法ほど，もとのハミルトニアンの値からの乖離が
ない．最後に馬跳び法を図示する（図 6.7 右下）．乖離が非常に少ない様子が見える．

馬跳び法に対する次の定理を示しておこう．

定理 6.9

$\log\pi(x)$ が x について一回微分可能なら，

$$\varphi_h(\varphi_h(x, w)) = (x, w).$$

証明 定理 6.8 を使って示そう．馬跳び法の定義から，

$$x_{h/2} = x_h - \frac{h}{2}\left(\frac{\partial H}{\partial w}\right)(x_{h/2}, w_h)$$

$$(-w_0) = (-w_h) - h\left(\frac{\partial H}{\partial x}\right)(x_{h/2}, w_0)$$

$$x_0 = x_{h/2} - \frac{h}{2}\left(\frac{\partial H}{\partial w}\right)(x_0, w_0)$$

である．$\partial H/\partial w$ は x に，$\partial H/\partial x$ は w に依存しないし，式 (6.5) が成り立つから，

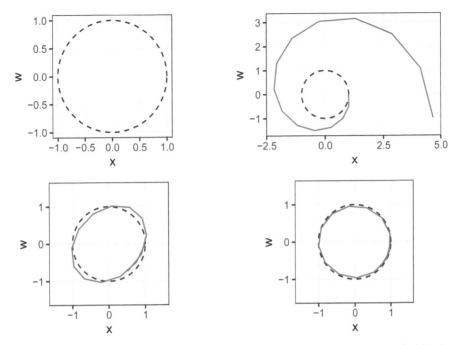

図 6.7　左上：ハミルトニアン方程式の解，右上：オイラー法，左下：修正オイラー法，右下：馬跳び法による近似．

$$x_{h/2} = x_h + \frac{h}{2}\left(\frac{\partial H}{\partial w}\right)(x_h, (-w_h))$$

$$(-w_0) = (-w_h) - h\left(\frac{\partial H}{\partial x}\right)(x_{h/2}, (-w_h)) \qquad (6.6)$$

$$x_0 = x_{h/2} + \frac{h}{2}\left(\frac{\partial H}{\partial w}\right)(x_{h/2}, (-w_0))$$

となる．これは馬跳び法を $\varphi_h(x, w) = (x_h, -w_h)$ からはじめたのと同じ手続きである．そして，この手続きの最後に w の符号を入れ替えれば (x, w) が出力される．だから $\varphi_h(\varphi_h(x, w)) = (x, w)$.　■

　馬跳び法は姉妹都市を持つし，道路の集中具合も均等である．しかし，馬跳び法では，残念ながらハミルトニアンは保たれない．したがって姉妹都市間の交通整理が必要である．馬跳び法を導入した手法をまとめる．

Step 0. 初期値 x を取る．

Step 1. w を $\mathcal{N}(0, \sigma^2 I_d)$ から生成する．

Step 2. $u \sim \mathcal{U}[0, 1]$ を生成する．

Step 3. $u \leq \alpha((x, w), \varphi_h(x, w))$ なら $(x, w) \leftarrow \varphi_h(x, w)$ とする．

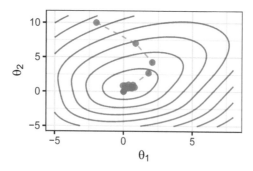

図 6.8 ハミルトニアン・モンテカルロ法による経路. ニュートン・ラフソン法のように早い段階で事後密度の高い領域に集中する.

Step 4. Step 1. に戻る.

ここで

$$\alpha((x,w),(y,v)) = \min\{1, \exp(-H(y,v) + H(x,w))\} \tag{6.7}$$

である. 紛らわしいが, 馬跳び法を用いた手法も, 用語を替えず, ハミルトニアン・モンテカルロ法と呼ばれる. 一般にはさらに, 馬跳び法を k 回おこなってから採択関数で採択か棄却かが決定される. 馬跳び法を k 回おこなうことにより (x_0, w_0) は (x_{kh}, w_{kh}) に移される. さらに w の符号を反転させる. すなわち確定的な遷移は $(x_0, w_0) \mapsto (x_{kh}, -w_{kh})$ であり, この遷移を $\varphi_{k,h}$ と書く. 上の φ_h を $\varphi_{k,h}$ で置き換えるわけだ. この場合も $\varphi_{k,h}(\varphi_{k,h}(x,w)) = (x,w)$ となる. したがって, 馬跳び回数, ステップ幅, および w の分散

$$k, h, \sigma^2$$

が調整パラメータである. 統計量を見ながら適切な値を選択する必要がある. 図 6.8 では $k = 2, h = 0.1, \sigma = 0.5$ とした. ニュートン・ラフソン法のように事後密度関数の勾配を利用して, 早い段階で事後密度の高い領域を推移するようになる.

リスト 6.5　ロジスティック回帰モデルに対するハミルトニアン・モンテカルロ法

```
1   M <- 100
2   theta0 <- c(-2,10)
3   sd <- 0.5
4   h <- 0.1
5   theta <- theta0
6   theta_mat <- matrix(0, nrow=M, ncol=2)
7   theta_mat[1,] <- theta0
8
9   for(m in 2:M){
```

```
10
11      w <- sd*rnorm(2)
12      w0 <- w
13
14      for(k in 1:2){
15        w <- w + h * df(theta)
16        theta <- theta + h * w / sd^2
17      }
18
19      u <- runif(1)
20      if( u <= f(theta) - sum(w^2)/(2*sd^2) - f(theta_mat[m-1,]) + sum(w0^2)/(2*sd^2)){
21        theta_mat[m,] <- theta
22      }
23    }
24
25    data.fr <- data.frame(x=theta_mat[,1],y=theta_mat[,2], z=1:M)
26
27    q.samp <- data.frame(cbind(data.grid, z = pv))
28
29    p <- ggplot(q.samp, aes(x=s.1, y=s.2, z=z)) + geom_contour(color = "blue",alpha=0.5) +
30      geom_path(data=data.fr,aes(x=x,y=y, z=z),lty=2,color = "blue",alpha=0.5) + geom_point(
            data=data.fr,aes(x=x,y=y, z=z),color = "blue",alpha=0.75,size=4)+xlim(-5, 8) + ylim
            (-5, 11) + xlab("theta_1") + ylab("theta_2") + theme_bw()
31    p
```

　しばしばハミルトニアン・モンテカルロ法はランダムウォーク型メトロポリス法を大きく改善する[*4].
一方，却って勾配の利用が収束を阻害することもある．エルゴード性の観点でもランダムウォーク型
メトロポリス法を凌駕するものではない．一般的な結論を言うことはできず，様々なツールを場合に
応じて使い分けることが大事である．

➤ 第6章　練習問題

6.1　メトロポリス・ヘイスティングス法の採択関数 $\alpha(x,y)$ の代わりに

$$\beta(x,y) = \frac{\pi(y)q(y,x)}{\pi(x)q(x,y) + \pi(y)q(y,x)}$$

　を用いたマルコフカーネルも定理 6.1，定理 6.2 と同じ仮定のもと，同じ結論が従うことを示せ．

6.2　例 6.1 で紹介された二つの独立型メトロポリス・ヘイスティングス法のそれぞれに対し，式 (6.1)
　　で定義される M を計算せよ．ただし，正規化定数 C は求めなくて良い．

[*4] たとえば「Neal (2011)」を見よ．

6.3 独立型メトロポリス・ヘイスティングス法を $\Pi = \mathcal{N}(0,1)$, $Q = \mathcal{C}(0,1)$ としたものと, $\Pi = \mathcal{C}(0,1)$, $Q = \mathcal{N}(0,1)$ としたものを実装し, 結果を比較せよ.

6.4 正の実数 ρ, σ で $0 < \rho < 1$ なるものをとる. $\mathbb{R}^d$ 上の確率測度 Π に対し, 確率密度関数 $\pi(x)$ があるとする. メトロポリス・ヘイスティングス法で $Q(x, \cdot) = \mathcal{N}(\rho^{1/2}x, (1-\rho)\sigma^2 I_d)$ とする. このとき採択関数が

$$\alpha(x, y) = \min\left\{1, \frac{\pi(y)\phi_\sigma(x)}{\pi(x)\phi_\sigma(y)}\right\}$$

で与えられることを示せ. ただし, $\phi_\sigma(x)$ は $\mathcal{N}(0, \sigma^2 I_d)$ の確率密度関数とする.

6.5 定理 6.4 を証明せよ.

6.6 定理 6.6 を示せ.

6.7 ハミルトン方程式の離散近似は様々な方法がある. オイラー法は

$$x_h = x_0 + h\left(\frac{\partial H}{\partial w}\right)(x_0, w_0),$$

$$w_h = w_0 - h\left(\frac{\partial H}{\partial x}\right)(x_0, w_0)$$

で定義される. ただし, 正の実数 h はステップ幅. ハミルトニアンが $H(x, w) = (x^2 + w^2)/2$ であるとき,

$$H(x_h, w_h) - H(x_0, w_0)$$

を $H(x_0, w_0)$ を用いてあらわせ.

6.8 同様に修正されたオイラー法では, ハミルトニアンが $H(x, w) = (x^2 + w^2)/2$ であるとき,

$$H(x_h, w_h) - H(x_0, w_0) = \frac{h^2(-x_0^2 + w_h^2)}{2}$$

を示せ.

6.9 同様に馬跳び法の場合, ハミルトニアンが $H(x, w) = (x^2 + w^2)/2$ であるとき,

$$\begin{pmatrix} x_h \\ w_h \end{pmatrix} = A_h \begin{pmatrix} x_0 \\ w_0 \end{pmatrix}$$

となる行列 A_h を求めよ.

参 考 文 献

　本書を執筆する上で引用した本や，読者の参考になる本をあげる．ただし，完全を期した文献表ではない．まず，統計，確率の基本とともに，本書を読む上で基本的な数学として

- 椎名洋，姫野哲人，保科架風 (2019)「データサイエンスのための数学」

が参考になるだろう．近年はベイズ統計学の教科書も和書でいくつも見つけることができる．たとえば以下の教科書は本書の執筆に大いに参考にした．

- 古澄英男 (2015)「ベイズ計算統計学」 朝倉書店
- 間瀬茂 (2016)「ベイズ法の基礎と応用」 日本評論社
- 松原望 (2010)「ベイズ統計学概説」 培風館

　しかし，和書で入門から計算まで載っているものは，あんがい少ない．そのため，洋書もいくつか挙げておこう．近年のベイズ統計学の洋書は，モンテカルロ統計計算の教科書にもなっているから，必然的に一冊あたりの分量が多くなる．

- J. Kruschke (2014), *Doing Bayesian Data Analysis*, Academic Press
- A. Gelman, J. B. Carlin, H. S. Stern, D. B. Dunson, A. Vehtari, D. B. Rubin (2013) *Bayesian Data Analysis*, Chapman & Hall/CRC
- J-M. Marin, C. P. Robert (2013), *Bayesian Essentials with R*, Springer

　「Kruschke (2014)」はなるべく数式を廃した教科書で，ベイズ統計学の考え方をていねいに図表を用いて解説している．「Gelman et al. (2013)」は豪華な執筆陣による定評のある教科書で，ベイズ統計学の基本からはじめて，計算機での実践まで扱う．「Marin and Robert (2013)」はいくつかの代表的モデルに絞って集中的に学ぶ形式であり，そのため分量は少ない．後者二冊はいずれも大学院生向けである．

　さいごに，理論的な部分で本書の参考にしたものを挙げる．

- C. P. Robert, G. Casella (2005), *Monte Carlo Statistical Methods* , Springer
- A. Kulik (2017), *Ergodic Behavior of Markov Processes*, De Gruyter Studies in Mathematics
- E. Gobet (2016), *Monte-Carlo Methods and Stochastic Processes*, Chapman & Hall/CRC
- K. Mengersen and R. L. Tweedie (1996), *Rates of convergence of the Hastings and Metropolis algorithms*, The Annals of Statistics, 24(1), 101-121
- S. F. Jarner and R. L. Tweedie (2003), *Necessary conditions for geometric and polynomial ergodicity of random-walk-type Markov chains*, Bernoulli 9(4) 559578
- G. O. Roberts, A. Gelman and W. R. Gilks (1997), *Weak convergence and optimal scaling of random walk Metropolis algorithms*, The Annals of Applied Probability, 7(1), 1997, 110-120
- R. Neal (2011), *MCMC using Hamiltonian dynamics*, Handbook of Markov Chain Monte Carlo, Chapman & Hall / CRC Press, 113-162

索 引

著者紹介

鎌谷研吾　博士（数理科学）
　2008 年　東京大学大学院数理科学研究科博士後期課程修了
　現　在　統計数理研究所 教授

編者紹介

駒木文保　博士（学術）
　1992 年　総合研究大学院大学数物科学研究科統計科学専攻博士後期課程修了
　現　在　東京大学大学院情報理工学系研究科数理情報学専攻 教授

NDC007　191p　　21cm

データサイエンス入門シリーズ
モンテカルロ統計計算

2020 年 3 月 25 日　　第 1 刷発行
2024 年 5 月 17 日　　第 4 刷発行

著　者　鎌谷研吾
編　者　駒木文保
発行者　森田浩章
発行所　株式会社　講談社
　　　　〒 112-8001　東京都文京区音羽 2-12-21
　　　　　販売　(03)5395-4415
　　　　　業務　(03)5395-3615

KODANSHA

編　集　株式会社　講談社サイエンティフィク
　　　　代表　堀越俊一
　　　　〒 162-0825　東京都新宿区神楽坂 2-14　ノービィビル
　　　　　編集　(03)3235-3701
本文データ制作　藤原印刷株式会社
印刷・製本　株式会社ＫＰＳプロダクツ

ISBN 978-4-06-519183-5